国家自然科学基金面上项目(51874160)
辽宁省"百千万人才工程"资助项目
辽宁工程技术大学学科创新团队资助项目(LNTU20TD-01)

# 露井联采逆倾边坡岩移规律及稳态分析研究

王　东　姜聚宇　李广贺　著

U0323836

中国矿业大学出版社

·徐州·

## 内 容 提 要

露井联采是最大限度回收矿产资源的有效方式,但是受到两种采动效应的影响,露井联采边坡岩体的变形规律和稳定性问题显得更加复杂和突出。本书通过对露天矿边坡稳定性的影响因素进行分析和总结,阐述了露井联采逆倾边坡的变形机理,研究了地下开采对边坡破坏模式和稳定性的影响,提出了露井联采边坡破坏类型以及受地下开采影响时的边坡稳定性计算方法;基于假设检验原理,提出了边坡临滑时刻的动态识别方法,提高了滑坡预警的可靠性。

**图书在版编目(CIP)数据**

露井联采逆倾边坡岩移规律及稳态分析研究 / 王东,姜聚宇,李广贺著. —徐州:中国矿业大学出版社,2021.2

ISBN 978 - 7 - 5646 - 4978 - 4

Ⅰ. ①露… Ⅱ. ①王… ②姜… ③李… Ⅲ. ①煤矿开采—露天开采—边坡—岩层移动—研究②煤矿开采—露天开采—边坡稳定—研究 Ⅳ. ①TD824.7

中国版本图书馆 CIP 数据核字(2021)第 038072 号

| | |
|---|---|
| 书　　名 | 露井联采逆倾边坡岩移规律及稳态分析研究 |
| | Lujing Liancai Niqing Bianpo Yanyi Guilü Ji Wentai Fenxi Yanjiu |
| 著　　者 | 王　东　姜聚宇　李广贺 |
| 责任编辑 | 杨　洋 |
| 出版发行 | 中国矿业大学出版社有限责任公司 |
| | (江苏省徐州市解放南路　邮编 221008) |
| 营销热线 | (0516)83884103　83885105 |
| 出版服务 | (0516)83995789　83884920 |
| 网　　址 | http://www.cumtp.com　E-mail:cumtpvip@cumtp.com |
| 印　　刷 | 江苏凤凰数码印务有限公司 |
| 开　　本 | 787 mm×1092 mm　1/16　印张 6.75　字数 170 千字 |
| 版次印次 | 2021 年 2 月第 1 版　2021 年 2 月第 1 次印刷 |
| 定　　价 | 40.00 元 |

(图书出现印装质量问题,本社负责调换)

# 前　言

　　露井联采是最大限度回收矿产资源的有效方式,但是受到两种采动效应的影响,露井联采边坡岩体的变形规律和稳定性问题显得更加复杂和突出。如何科学评价该条件下边坡的稳定性,掌握岩体的变形、破坏及位移特征,制定有效措施,已成为采矿工程亟待解决的技术和安全问题。本书以平庄西露天矿顶帮边坡为工程背景,综合应用现场调研、理论分析、相似材料模拟试验、数值模拟、地表位移监测及数理统计等方法和手段,针对露井联采逆倾边坡岩移规律和稳定性展开了一系列研究。

　　为了丰富露井联采边坡稳定性分析的理论与方法,也为了给广大科技工作者和露天煤矿工程技术人员提供学习资料,本书系统地对露天矿边坡稳定性的影响因素进行了分析和总结,阐述了露井联采逆倾边坡的变形机理,研究了地下开采对边坡破坏模式和稳定性的影响,提出了露井联采边坡破坏类型和受地下开采影响时的边坡稳定性计算方法;系统分析了平庄西露天矿顶帮边坡的工程地质特征,探讨了地质因素对边坡稳定性的影响,确定了边坡的潜在滑坡模式;通过相似材料模拟试验,揭示了露井联采不同阶段井采空间上覆岩层的变形破坏特征和地表下沉特征,分析了地下开采对露天矿边坡变形的影响;应用极限平衡法和数值模拟,对比分析了单一露天开采和露井联采条件下逆倾边坡稳定性,阐明了两种条件下边坡失稳过程中的变形破坏特征、位移特征及应力分布特征,分析了露井联采边坡稳定性降低的原因;通过分析边坡变形过程中的位移-时间特征,提出了边坡稳态判断的依据;通过整理分析地表位移监测数据,分析了边坡的变形规律及其主要影响因素,提出了露井联采逆倾边坡存在上升域和下沉域2个变形域,确定了地下开采对边坡的影响范围,同时判定了边坡的稳定性状态和相对不稳定区域;基于假设检验原理,应用分布形态检验方法分析了边坡处于不同变形阶段时位移速度和位移加速度的分布特性,提出了边坡临滑时刻的动态识别方法,可提高滑坡预警的可靠性。

　　在撰写本书过程中引用了大量与露天开采、力学、数学和边坡稳定性分析相关的资料和研究成果,成果的取得离不开露天矿技术人员在现场工作过程中提供的资料、指导和帮助,在此一并表示衷心的感谢。

本书的出版得到了国家自然科学基金面上项目(51874160)、辽宁省"百千万人才工程"资助项目、辽宁工程技术大学学科创新团队资助项目(LN-TU20TD-01)的资助,在此表示感谢。

由于作者水平所限,书中难免存在不当之处,敬请读者批评指正。

作　者

2020 年 12 月

# 目　　录

# 1 绪 论

## 1.1 问题的提出及研究意义

1903 年美国犹他州建成斑岩露天铜矿,标志着露天开采进入了机械化大规模开采时代。20 世纪 50 年代,露天开采进入飞速发展时期,生产规模不断扩大,生产集约化程度不断提高,劳动生产率不断提高。据统计,20 世纪 80 年代,世界上年产 1 000 万 t 以上矿石的各类露天矿有 80 余座,其中采剥总量 8 000 万 t 以上的特大型露天矿 20 余座。在我国固体矿产资源中,露天开采占很大的比重,例如:建筑材料、石料等几乎全部由露天开采方法采出;70%以上化工原料矿石用露天开采方法采出;黑色冶金辅助矿石露天开采比例达到 90%以上;90%以上铁矿石、30%以上有色金属矿石、8%以上煤炭都是采用露天开采方法采出,且有逐年增加趋势[1-2]。

尽管随着经济的快速发展和科学技术的不断进步,相对高效、安全的露天开采方式在矿产资源开发过程中所占的比例在迅速增大,但是受到生产剥采比的限制,露天开采在开采深度上有较大局限性。为了最大限度地回收矿产资源,一般浅部采用露天开采,深部采用地下开采,即露井联采[3]。国内外露天转地下开采矿山的经验也表明:当矿山开采充分利用了露天与地下开采的有利工艺特点时,统筹规划露天与地下开采的工程布置,可以使矿山的基建投资减少 25%~50%,生产成本降低 25%左右[4]。因此,随着对矿产资源需求的增加和开采强度的不断加大,浅部资源日益减少,露天开采矿山不断向深部和地下开采转移,国内外多座矿山相继进入露天与地下联合开采状态[5-7],如我国抚顺西露天矿、海州露天矿、平庄西露天矿和许多非煤露天矿,均已由单一露天开采转为地下开采或正处于露天、地下同时开采状态[8-10]。由于受到两种开挖效应的影响,在边坡岩体内形成了由露天和地下开采相互影响的次生应力场,这种次生应力场更易导致边坡失稳,且此时边坡岩体变形破坏机理也更复杂[7-8,10]。因此有必要开展露井联采条件下边坡岩移规律和稳定性研究工作,为提出合理滑坡防治措施提供科学依据,以确保露天矿安全生产,同时丰富露井联采边坡稳定性分析的理论与方法,其理论意义和实际意义重大。

# 1.2 国内外研究综述

## 1.2.1 边坡稳定性分析研究现状

边坡稳定性分析和评价是边坡问题研究的核心,也是十分重要的岩土工程问题之一。在公路、铁路等交通设施的建设以及露天矿山、水利水电、深基坑开挖等大型的坝体工程中,都会遇到各种各样的边坡稳定性问题。边坡失稳轻则增加投资、延长工期,重则损毁建筑物、造成人员伤亡及财产损失等。许多岩土工程技术人员一直致力于边坡稳定性的研究工作,但是由于边坡系统是一个庞大的、复杂的、与周围环境密切相关的系统工程,在分析过程中存在着大量的主观和客观上的不确定性,因此,对边坡失稳的真正原因并没有一个统一的认识。基于不同的观点、角度及认识深度所得出的边坡失稳机理都是不尽相同的。与之对应,也就出现了不同版本的边坡稳定性评价方法,但是总的来说,这些观点都不同程度、不同层面地对边坡的失稳性进行了解释,对边坡稳定性评价方法的发展起到了促进作用[11]。

从已有文献资料来看,边坡稳定性分析方法可以分为以下四类:

(1) 条分法,包括垂直条分法和斜条分法。

(2) 极限分析法,包括各种近似解法。

(3) 滑移线法,实际上是极限分析法的一种严密解法。

(4) 数值方法,包括有限单元法、离散单元法、有限差分法等。

目前工程实践中应用得最广的是条分法。条分法的特点是将滑坡体看作刚体在假设的滑面上采用莫尔-库仑破坏准则,只考虑静力平衡条件,通过分析处于极限平衡状态的滑坡体的力的平衡来求得问题的解。由于大多数情况下问题是超静定的,对于划分了 $n$ 个条块的问题,由莫尔-库仑破坏准则和静力平衡条件只能建立 $4n$ 个方程,而问题的未知数却有 $6n-2$ 个,为了使问题静定可解,需引入 $2n-2$ 个假设[12]。根据不同的简化假设,条分法包括瑞典圆弧法、简化毕晓普(Bishop)法、摩根斯顿-普赖斯(Morgenstern-Price)法、洛-卡拉弗拉思(Lowe-Karaflath)法、简化简布(Janbu)法、简布(Janbu)通用条分法、斯潘塞(Spencer)法、不平衡推力传递系数法以及用于岩质边坡分析的剩余推力法和萨尔马(Sarma)法。以下对这几种主要的条分法作简单的介绍。

费伦纽斯(Fellenius)提出边坡稳定分析的圆弧滑动分析方法,即瑞典圆弧法(又称普通条分法)[13]。该方法不考虑土条两侧面间的作用,假定土条底法向应力可简单看作土条重力在法线方向上的投影。同时,由于滑裂面是圆弧,因此法向力通过圆心,对圆心取矩时为 0,这个假设使得计算简化。

A. W. Bishop[14]对传统的 Fellenius 法进行了重要改进,建立了简化 Bishop 法。Bishop 法首先提出了安全系数的定义,对推动条分法的发展起到了重要作用。然后通过假定土条间的作用力为水平方向,求出土条间的法向力。瑞典圆弧法和 Bishop 法都是通过力矩平衡来确定安全系数的。

在之后的几十年内,研究者致力于通过力的平衡确定安全系数。N. Janbu[15]忽略了条间切向力的作用,只考虑条间法向力为水平力的作用,通过力的平衡确定安全系数,称为简化 Janbu 法。简化 Janbu 法类似于简化 Bishop 法,两种方法的不同之处是安全系数的确定方法。J. Lowe 等[16]建议条间力倾角为土条顶部和底部的平均值,称为 Lowe-Karaflath 法。我国广泛采用的是不平衡推力传递系数法(又称为潘家铮法),假设条间力的合力方向与上一土条底面相平行,根据力的平衡,由上到下逐条推求,直至最后一土条的推力为 0,该方法可适用于任意形状的滑动面。

以上各种方法的安全系数部分通过力矩平衡确定(瑞典圆弧法和简化 Bishop 法),部分通过力的平衡确定(简化 Janbu 法、Lowe-Karaflath 法和不平衡推力传递系数法),因此都是简化方法。各种简化方法为了满足早期人工手算需要。随着计算机技术的普及和发展,采用更为严格的方法已经具备条件。因此一部分研究者致力于建立同时满足力和力矩平衡,对滑面不作假定的通用的分析方法。N. R. Morgenstern 等[17]假定各土条间的切向条间力 $X$ 和法向条间力 $E$ 之比是切向坐标 $x$ 的函数,即 $X=\lambda f(x)E$,式中 $\lambda$ 为常数,选定 $f(x)$ 后,即可根据整个滑动面的静力平衡求出问题的解答。Morgenstern-Price 法可适用于任意形状的滑动面。E. Spencer[18]假设土条间的法向条间力 $E$ 和切向条间力之间满足线性关系:$X=E\tan\theta$,假设条间力合力的方向是相互平行的。这一方法实质上是 Morgenstern-Price 法中 $f(x)=1$ 的一种特例。N. Janbu[19]在其简化法的基础上提出了同时满足力和力矩平衡的 Janbu 通用条分法,和其他方法假设条间力的方向不同,该方法通过假设滑坡推力作用点的位置来求解安全系数。E. Hoke 等[20]提出了进行边坡楔形体分析的方法,假设各滑面均为平面,以各滑面总抗滑力与楔形体总下滑力之比来确定安全系数。J. Revilla 等[21]提出剩余推力法,Sarma 提出非垂直条分法,认为除平面和圆弧面外,滑动体必须先破裂成相互滑动的块体后才能滑动[22-23]。剩余推力法和 Sarma 法在岩质边坡的稳定性分析中得到了广泛应用。

条分法因为简单、实用而被工程设计人员广泛接受。J. M. Duncan[24]总结了各种条分法的计算精度:

① 瑞典圆弧法在孔隙水压力较高的情况下,运用有效应力法求得的安全系数严重偏低。对于 $\varphi=0$ 的土坡稳定性分析时精度非常高的,对于具有圆弧滑面的土坡采用总应力法分析时精度也很高。

② 简化 Bishop 法在多数情况下的计算精度是够的,但是在某些情况下可能会出现数值计算方面的问题。建议同时采用瑞典圆弧法进行比较分析,因为瑞典圆弧法不存在数值计算方面的问题,所以若对于同一边坡简化 Bishop 法的计算结果比瑞典圆弧法计算的安全系数低,说明可能遇到了数值计算方面的问题,这时应采用瑞典圆弧法的计算值。

③ 采用力平衡求解安全系数的方法对条间力的倾角假设非常敏感。不合适的条间力假设可能导致安全系数误差很大。

④ 满足所有平衡条件的通用条分法(包括 Morgenstern-Price 法、Spencer 法、Janbu 通用条分法)对多数边坡稳定分析的结果是准确的。但少数情况下,可能会出现数值计算的病态问题而无法得到安全系数。一般情况下,采用通用条分法分析同一边坡,各种

分析方法的计算结果误差不超过12%。

各种条分法由于引入了各种人为假定,同时不能考虑岩土体内部的应力、应变关系和岩土材料的非线性,在理论上缺乏严密性。因此,许多学者致力于发展边坡稳定分析的极限分析法。极限分析法利用变分原理建立极值定理,求解边坡稳定性问题[25-30]。极限分析法一般将坡体材料看作莫尔-库仑本构模型材料,采用遵从相关流动法则的莫尔-库仑破坏准则。也有学者研究了考虑材料非线性行为的极限分析法[31-32]。潘家铮[32]在极值定理的基础上提出了边坡稳定性问题的最大值和最小值原理,奠定了极限平衡法的理论基础。他指出:发生滑坡时,其内力会自动调整,以发挥最大的抗滑能力,同时,真实的滑裂面是提供最小的抗滑能力的那个截面。陈祖煜[33]对该原理进行了理论上的证明。孙君实[34]在最大值和最小值原理的基础上,应用模糊数学理论,对解的合理性问题提出了模糊约束条件,并对潘家铮的论点进行了证明,发展了极限分析法。I. B. Donald 等[35]开发了一个基于对土条斜分条的极限分析方法。该方法假定滑动土体在滑面和倾斜界面上均达到了极限平衡,采用虚功原理来求解安全系数。

采用极限分析法求解边坡稳定性问题从数学上讲就是求解一组微分方程的边值问题。其解法包括严密解法和近似解法。边坡稳定性分析的滑移线法就是在特征线法的基础上发展起来的。特征线法对坡体破坏区域,通过增加莫尔-库仑破坏条件,在简化的边界和土质条件下可以获得闭合解,解得的特征线就是土力学中的滑移线,其中一组就是滑裂面[36]。从根本上来说,滑移线法也是一种极限分析方法。由于滑移线法对土质和边界条件有特殊限制,所以只能求解有限的几个经典的边坡问题,这也限制了该方法在工程实践中的应用。

条分法和极限分析法的主要区别是后者假定土体的每一个单元都达到了极限平衡状态,通过求解一组微分方程的边值问题来求解边坡的安全系数。而前者只假定土体沿滑裂面达到了极限平衡,为了使问题静定可解,引入了不同的条间力假设。同时,条分法和极限分析法(包括滑移线法)也是有联系的,它们都是以刚塑性模型为基础,考虑刚塑性体一部分或全部都在荷载作用下处于极限平衡状态。沈珠江[37]将它们统称为极限平衡理论。条分法不要求滑体内每一个点的应力状态都处于极限平衡状态,因此,所获得的解应小于或等于使边坡发生破坏的真实荷载,在塑性力学领域属于下限解。滑移线法是假定土体任何地方符合极限平衡条件,因此得到上限解。一般的极限分析法的近似解法属于下限解和上限解之间的解法。塑性极限分析法考虑了坡体是完全塑性的应力-应变关系。与传统的条分法一样,极限分析法也无法考虑实际的应力历史和加载时的应力条件,无法分析边坡稳定性随着坡体变形和应力发展而渐进破坏的过程。同时,由于极限分析法寻求的是一种理论上"完美"的解析形式的闭合解,对于具有复杂岩土体结构和边界条件的边坡问题,采用解析解的方法往往是不可能的。

随着计算机技术的发展,数值分析方法在边坡稳定分析领域取得了巨大的进展。数值分析方法可以模拟边坡加载、卸载的全过程,可通过严格的应力、应变分析求解边坡的极限荷载。数值分析方法按照模型材料的假定条件可以大致分为两类。一类是基于连续介质的分析方法,包括有限元法、边界元法、快速拉格朗日差分法(FLAC法)等。这些方法具有强大的处理复杂几何边界和材料非线性的能力,同时可以模拟有限条数的岩体结构面,这是目前理论体系比较严格且比较成熟的一类方法。另一类是基于非连续介质的分析方法,包括离散元法、界面元法、DDA 方法、流形元法等。这些方法具有强大的处理非连续介质和大变形的能力,不仅能够比较真实地模拟边坡应力、应变和变形发展、破坏的全过程,而且还能够以动画的形式提供边坡破坏以后塌落、崩解过程。

随着一些大型商业软件的快速发展,目前数值分析方法已被广泛应用于各类边坡工程问题的实际分析中,但是在实际应用时仍面临着一些问题[38]:

① 计算参数的取值问题。边坡坡体材料的力学性能参数的取值是各种数值分析方法的基础,材料计算参数取值是否合适直接关系到数值分析的计算精度和可信度。目前,计算参数的取值问题已成为数值分析应用于工程实际的瓶颈。

② 计算成果的唯一性问题。现有的边坡分析程序的成果缺乏一致性,不同程序给出的成果有时会产生很多差异,其主要原因是在进入塑性阶段后各种程序的处理方式不一样,在塑性力学全量定理尚未很好解决以前,只要某一单元在某一迭代步的处理方案和迭代精度有所不同,就会在以后的计算中出现较大的差别。

③ 计算成果的考察问题。对于复杂结构的弹塑性分析,目前尚无精确闭合解的算例,因而缺乏考察各种数值分析程序可靠性的判据。使用这种未经考核的程序,难以作为工程决策的真正依据。

④ 计算成果的评价问题。目前,工程界仍广泛使用安全系数来评价结构的安全性。而数值分析提供的成果是应力、应变和变形,如何将这些信息和传统的安全系数联系起来,尚未得到很好的解决。

目前关于数值分析中的安全系数的定义主要有两种:一种是基于应力分析的定义,另一种是基于强度折减法的定义。早期在边坡中定义一个潜在的滑动面,根据数值分析得出的应力分布规律,计算滑动面上各点的应力水平,然后根据加权平均的原则定义安全系数[39-40]。S. K. Giam 等[41]提出一种由已知应力场确定临界滑动面和最小安全系数的方法,称为 CRISS 法。J. Z. Zou 等[42]根据利用有限元法获得的应力分布规律确定滑动面的范围和初始滑动面,然后采用动态规划的数值方法(DIPM)搜索最危险滑动面及相应的安全系数,获得了较好的结果。

O. C. Zienkiewicz 等[43]提出边坡安全系数的强度折减法(shear strength reduction method,简称 SSR 法)。该方法将岩土体抗剪强度折减,用边坡刚好达到临界破坏时抗剪强度折减的程度来定义安全系数。J. Lowe 等[16]和潘家铮[32]对此定义进行了分析,指出了其合理性。近期的研究在传统的强度折减法概念基础上,将非线性有限元数值计算收敛崩溃作为边坡失稳的判据。此时强度指标缩小比例即边坡的安全系数。D. V. Griffiths 等[44]以有限元计算不收敛作为边坡失稳的判据,对一些具有简单体型的边坡进行分析,成功获得了与边坡稳定传统的极限平衡分析方法(如 Bishop 法)相同的结果。赵尚毅等[45]采用莫尔-库仑等面积圆屈服准则代替传统的莫尔-库仑准则。4 组方案的算例的比较分析表明:采用强度折减法求得的安全系数与 Bishop 法的误差为 3%~7%,与 Spencer 法的误差为 1%~3%,说明有限元强度折减法在边坡稳定性分析中的应用是可行的。

C. P. Tan 等[46]提出一种利用有限元求解得到的结点位移来确定安全系数的简单图解法,称为结点位移法(NDM)。该方法将坡体材料的黏聚力和摩擦系数进行折减,通过有限元计算跟踪某个结点的位移变化增量($\delta_T$)。随着折减系数的变化,$\delta_T$ 不断增大,通过作图,$\delta_T$ 发生突变的尖角点对应的折减系数就是边坡安全系数。

## 1.2.2 露井联采边坡岩移规律及稳定性研究现状

目前尚未对露天开采和地下开采两者之间的相互作用特点与规律形成统一认识,由于受到地下开采的影响,使得边坡岩体变形量和变形范围已远超过原有的单一采动理论[11]。对于如何分析地下采动对边坡稳定性的影响,国外很少见到这方面的研究资料[47]。在以往的研究中往往单独地分析露天采动对边坡稳定性的影响问题,未将地下采动因素考虑进去,使得分析和计算结果与实际情况可能存在很大差异,缺少其中一个主要影响要素,因此,不能全面、客观地反映边坡变形和稳定程度的实际情况[48-49]。近年来,部分国内专家、学者和工程技术人员结合具体矿山工程实际情况对露井联采边坡岩体的变形破坏规律和稳定性进行了大量的研究工作,大多数采用数值模拟[8,10,48-58],少量采用模型试验[59-60]、现场监测[61-62]或综合手段[63],对边坡岩体的变形破坏规律进行研究,从而分析两种采动效应间的相互影响,确定警戒煤柱宽度或顶板安全厚度等边界参数,揭示岩体变形破坏机理。其中,孙世国等[7,61,64-65]在该方面做了大量且具有突破性的工作,采用摩擦试验和数值模拟等手段研究了露井联采边坡的变形规律,探讨了露井联采边坡变形机理,应用随机介质理论并结合经典的刚体极限平衡理论推导得出了边坡的稳定性系数,它是边坡岩体下沉量、水平位移、水平变形量、倾斜率和曲率的函数,但要据此方法计算边坡的稳定性系数必须先求出中间未知量——岩体的变形参量。鉴于露井联采条件下岩体变形和破坏机制的复杂性,很难准确得出变形参量,因此未能在工程实际中得到较多的应用和推广。

## 1.2.3 边坡监测研究现状

### 1.2.3.1 监测内容和方法

常用的边坡监测内容和方法包括以下几种。

(1)地表位移监测

地表位移监测常用的仪器有大地测量仪器(如红外仪、经纬仪、水准仪等)和专门用于边坡变形监测的设备(如裂缝计、钢带、简易观测标桩、地表位移伸长计等)。其中精密大地测量技术最成熟、精度最高,是目前广泛使用的最有效外观方法。大地测量法的技术进步表现在工作效率和观测精度的提高:

① 仪器与测量技术方面从早期的经纬仪、水准仪和测距仪发展到电子经纬仪、全站式速测仪,不仅降低了工作强度,也大幅降低了观测误差。

② 仪器的进步和计算技术的发展,使坡体变形观测误差满足工程需要(毫米级),同时数据处理时间大幅缩短。

③ 自动化测量与快速数据处理的实现，使边坡变形的实时观测成为可能，为边坡失稳的预测预报提供了强有力的技术支持。另外，GPS测量技术、近景摄影测量和INSAR干涉雷达测量等近年来取得了明显进展[66-68]。

（2）地下位移监测

地下位移监测是将仪器埋入坡体内部，监测坡体在工程实施过程中的变形。地下位移监测可以准确掌握边坡滑动面的位置、边坡位移的速率、边坡体随深度的位移变化情况，为边坡的稳定性评价、预测预报及防治工程设计提供依据。地下位移监测通常在钻孔中进行，可监测边坡岩体不同深度的水平方向位移，也可以监测不同深度的垂直方向位移或倾斜钻孔的轴向位移。监测仪器主要有多点式位移计、钻孔测斜仪、TS变位计、滑动测微计等。这种监测对于发现边坡的潜在滑动面并监测其发展变化具有重要意义，同时也可以确定边坡的松弛深度。一般采用钻孔测斜仪监测边坡的深部位移，确定滑动面的具体位置、滑移量和滑动方向。采用钻孔多点位移计监测边坡深部的垂直位移或钻孔轴向位移。

（3）松弛范围监测

采用声波仪或地震仪监测由于开挖、爆破振动和地应力释放引起岩体扩容而在边坡表层形成的松弛带的范围，主要用于边坡局部稳定性评价和作为锚杆锚索优化设计的科学依据。

（4）地表裂缝监测

监测的内容包括裂缝的张拉速度和两端扩展情况，如果速度突然连续增大或裂缝外侧岩土体出现显著的垂直下降位移或转动时，预示边坡即将失稳破坏。地表裂缝位移监测可采用钢卷尺、游标卡尺、位移计、伸缩仪、位错计或千分卡等直接量测。

（5）地下水及渗流渗压监测

地下水是边坡失稳的重要触发因素，因此利用勘探阶段的钻孔或平洞内的钻孔，应用电测水位计进行地下水位监测；采用量水堰监测地下水的渗流情况；采用渗压计法监测地下水的渗流压力。

（6）锚杆锚索应力监测

锚杆和锚索等的正确使用，可以在一定程度上防止边坡倾覆等局部失稳现象的发生[69]。为了解锚杆和锚索的加固效果，工程中采用锚杆应力计和锚索测力计分别监测锚杆和锚索的受力情况。何满潮[70]以滑体、滑床和锚索相互作用力学原理为理论基础，提出滑体和滑床相对运动状态的力学监测原理，将多因素监测变为单一滑动力力学量监测，给出了滑动力与监控预紧力的关系式。通过滑坡物理模型试验得出结论：在滑坡发生前，边坡岩体内应力连续变化，当滑动力大于抗滑力后，边坡岩体发生变形和滑动，且捕捉边坡岩体内应力的变化优于对岩体位移的监测。基于上述原理和试验结果，开发了滑坡地质灾害远程监测预报系统，实现了滑动力动态变化的远程实时监测。

目前边坡监测仍以位移监测为主，监测方法包括简易观测法、设站观测法、仪表观测法和远程监测法；使用的仪器包括用于大地变形监测的水准仪、全站仪，用于深部变形监测的单点位移计、多点位移计、钻孔测斜仪等。位移监测由于能够为边坡工程信息化施工的安全进行,评价预测边坡的稳定性及其发展趋势等提供重要信息,成为边坡监测中最主要的内容,并在许多水利水电工程、采矿工程中得到了应用[71-86]。但是地下位移监测由于施工难度大,不适用于大范围的动态监测,因此边坡位移监测仍以地表位移监测为主。

### 1.2.3.2  监测资料分析

目前对监测资料的使用主要还是通过定性分析或定量与定性分析相结合的方法,分析出监测资料的变化趋势,并结合力学、工程地质学等相关学科知识揭示监测资料所反映的边坡安全稳定状态。工程中常用的分析方法有作图法、统计分析法、信息分析法等。

① 作图法主要是通过绘制所监测物理量的观测数据的时间过程曲线,揭示边坡的稳定状态;

② 统计分析法为根据分析监测资料的特征,由监测数据的规律揭示边坡的状态的分析方法,主要包括经验方法、数理统计方法等;

③ 信息分析法以因果关系为基础,通过对相关因素进行系统分析,得到监测数据的变化规律和影响因素,分析边坡的力学状态与各种因素之间的关系,并得出有用的结论。

在信息反馈方面,由于在资料整编上的进步和分析方法上的突破,监测信息反馈基本上能做到及时、准确,可用于修改设计、调整施工、降低工程造价及避免工程失事或减小工程损失等多方面。

随着边坡工程的不断发展,安全监测应用越来越广,监测手段更成熟,也总结出了很多分析监测资料的方法:

① 位移监测技术得到了足够的重视,位移监测的技术手段、测点布置及监测资料的定量分析越来越成熟,位移监测资料在边坡稳定性分析中发挥着更重要的作用[71-72];

② 对监测资料的分析逐渐深入,位移、应力、渗流、裂缝等的监测成果被综合运用到边坡的状态判断中[76];

③ 在监测表面的同时,深部位移监测开展得逐渐更普遍,根据钻孔测斜仪的累计位移、相对位移等数据来判断边坡的滑动面位置和变形稳定性[77];

④ 将不同监测项目的资料综合分析,例如根据表面水平位移观测、岩体深部变形观测和表面裂缝开合度观测的综合信息分析边坡的稳定性[78];

⑤ 应用新的数据分析方法来研究边坡运动的模式[79],加强对影响边坡变形的因素的研究,由响应量分析逐渐向原因量分析发展[80];

⑥ 随着计算机技术的发展和监测系统的完善,对监测信息的分析正朝着自动化、快速化的方向发展[81]。

随着监测技术的不断进步和数值分析方法应用的普及,目前对监测资料的分析更加深入,国外关于这方面的研究主要集中在通过数据分析来判断边坡的运动模式和失稳机理。在根据监测资料进行边坡安全稳定分析的基础上,使用先进的数值计算工具对边坡的施工和滑坡发展等进行了模拟,将安全监测同数值模拟相结合,分析边坡变形的机制并进行监控预报,取得了较好的效果[82-83];通过布置在滑坡上的电子测距仪采集数据,基于变形速率和累计位移给出了坡体运动的模式,并使用 FLAC 程序进行数值模拟,发现地下水是控制坡体运动模式的主要因素之一,边坡破坏一般首先从坡脚发生[84];通过对两个滑坡的现场监测分析,指出破坏一般由地表变形开裂扩展开,地表位移的迅速增大往往伴随着坡体内部应变的急剧增大,导致形成连续的滑面,最终发生滑动破坏[85];对岩石裂缝的相对位移进行观测,使用推导的经验模型来对监测数据进行解释,评价边坡的稳定性,并预测边坡失稳的时间[86];在对边坡位移资料和降雨量进行长期分析基础上,认为位移可分为几个典型的阶段,并根据沃伊特提出的模型对位移曲线进行了拟合,提出了边坡在不同变形阶段的位移速率警戒值[87]。

此外,监测资料分析的另一个重要内容是反分析,包括应力反分析、位移反分析、应力-位移混合反分析及应变反分析等。反分析的主要参数是边坡岩体的变形参数和地应力。由于边坡岩体的非连续性、几何形状的复杂性及参数的多样性,有系统监测资料的边坡目前还不多,因此边坡反分析还处于探索阶段[71]。

## 1.2.4 滑坡预报研究现状

### 1.2.4.1 滑坡预报方法

边坡监测的主要目的是了解坡体的演变过程,为边坡所处的安全状态和边坡失稳的预测预报提供可靠的数据信息和科学依据。而边坡失稳预测预报的目的是在获取边坡监测信息的基础上,了解边坡岩土体变形的范围和发展趋势,预测预报边坡可能发生破坏的空间和时间,以便于及时采取合理的措施,避免或减轻边坡破坏所带来的灾害损失[88]。

滑坡时间预报主要是通过分析现场监测数据的时间序列来对边坡未来状态进行预测预报。按照预测时间的不同,可划分为长期预报、短期预报、临滑预报[75]。目前国内外提出的时间预报方法主要分为以下几种。

（1）确定性预报模型

确定性预报模型是将有关边坡及其环境的各类参数数值化,用严格的推理方法,特别是数学方法、物理方法,进行精确分析,得出明确的预报判断。此类预测模型可反映边坡失稳的物理实质,多适用于滑坡单体预测[89]。其代表性的预报模型有斋藤迪孝方法、福囿斜坡时间预报法、蠕变样条联合模型、极限分析法等。其中,以斋藤法以及以其为基础发展起来的一些方法,所求得的蠕变时间属于概算,预测的误差较大,适用于中短期和临滑预报。此外在布置监测仪器的边坡工程中,根据监测数据可以得到时间和位移速度的倒数的关系曲线（横坐标为时间、纵坐标为位移速度的倒数）。如果随着时间增加,曲线接近横轴或与横轴相交,说明边坡在该时刻将失稳[90-91]。

（2）统计预报模型

统计预报模型着重对现有滑坡及其地质环境因素和其外界作用因素之间关系的宏观调查与统计,获得其统计规律,并用于拟合不同边坡的位移-时间关系曲线,根据所建模型进行外推预报。由于现代数理统计方法发展很快,许多先进的理论模型运用到边坡失稳的预测中,其中具有代表性的包括:移动平均法[89]、指数平滑法[92]、灰色系统 GM(1,1)模型及各种改进的灰色模型[93-94]、时间序列分析预测模型[95]、回归分析法[96]、趋势叠加法、生长曲线法[97]、卡尔曼滤波法[98]等。这些方法与监测数据的数量、时间序列有关,只要有足够数量的位移监测数据就可以保证预报的精度,大多数适用于中短期和临滑预报。

(3)工程地质类比法

该类方法通过与被测对象相近似的参照对象进行比较,来类推被测对象的未来发展趋势,是介于确定性和非确定性分析之间的一种方法。黄金分割法[99]、力学图解法[100]、综合信息预报模型[101]以及一些直观的评判方法均属于此类。黄金分割法简单、适用、精度也高,多用于滑坡的中长期预报。综合信息预报模型可以识别滑坡所处的变形阶段,便于现场操作,适用于临滑预报。力学图解法可用作滑坡的判据,并能判定滑坡的破坏形式。

(4)非线性预报模型

随着非线性科学的发展及其在各个领域内的广泛应用,许多学者引用了对处理复杂问题比较有效的非线性科学理论来研究滑坡的预报问题,并提出了一系列的预报模型。代表性预报模型包括非线性动力学模型[102]、BP 神经网络模型[103]、突变理论预报模型[104]、协同预测模型[105]和动态分维跟踪预报模型[106]、混沌预测模型[107]、支持向量机模型[108]等。

### 1.2.4.2　滑坡判据

滑坡预报预警是边坡稳定性研究领域的热点问题,滑坡判据的合理性直接影响滑坡预报预警的准确性。目前采用的滑坡判据主要有:

(1)安全系数和可靠概率判据

安全系数是指采用极限平衡法计算所得的安全系数或采用极限分析法计算边坡滑动时消耗的总内力功和总外力功的比值。一般认为安全系数判据确定为 1 较合适。安全系数大于1,边坡将处于稳定状态;安全系数小于1,边坡将处于不稳定状态;安全系数等于 1 时,边坡处于临界平衡状态[109]。可靠概率是近年来人们根据可靠性理论计算得到的边坡稳定性的可靠程度指标,普遍认为将可靠概率判据定为 95％比较合适。可靠概率判据给出了边坡的安全度指标,考虑了岩土体的抗剪强度等指标的变异性,得出的结果更符合实际。安全系数和可靠概率判据均适用于边坡失稳的长期预报,是边坡失稳长期预报中的常用判据[110]。

(2)变形速率判据

边坡的失稳滑动,是边坡上的物质以一定的速度沿某滑移面向下移动所致。因此,边坡的变形或位移是边坡稳定状态的最直观的反映,以变形量和变形速率作为预报判据更可靠[110]。边坡失稳的位移判断包括三个方面内容:累计位移、位移速率和位移速率变化率,一般常用的是位移速率判据。但是由于边坡的失稳破坏受岩体性质、边坡地质条件、赋存环境、变形破坏方式以及外界诱发因素等多方面因素的影响,所以边坡的临界变形和临界变形速率随具体边坡而异。而且即使达到临界变形或临界变形速率后,到达边坡最终失稳破坏所延续的时间也不相同。显然,并不存在一个普遍适用的临滑速率,各种方法得到的变形破坏速率阈值只能作为参考,作为判据并不充分。

（3）多参数判据

刘汉东[111]在1984年提出了在考虑边坡赋存的地质环境和边界条件的前提下,根据边坡失稳前的总变形量和位移速率来综合预报,之后进一步提出可以根据位移速率和表面位移的方向进行边坡的失稳预报。

（4）宏观信息判据

边坡失稳前会出现多种宏观前兆,例如:前缘频繁崩塌、地下水位突然变化、地热、地声异常、动物表现失常等,由于这些现象在临滑前表现直观,易被人类捕捉,所以可以采取人工巡视的方法进行观察判别,并用于临滑预报。但是由于观测手段和观测尺度的限制,宏观信息判据还缺乏定量的标准。根据卫星等空间仪器获得的信息进行边坡失稳预报将成为今后的发展方向之一[112]。

（5）声发射率判据

一般情况下岩体临近滑坡前声发射的频度和幅度显著增大;破坏后达到新的平衡,声发射频度和幅度随之减小。国外经验表明:声发射频度大于50次/h,边坡岩体失稳。因此,声发射率可以作为边坡破坏的判据之一。

从目前国内外边坡监测现状来看,在众多的判断边坡稳定的方法和手段中,最有效的是位移监测。使用位移监测可以研究边坡位移场（反映坡体移动和变形）的动态变化,一般都把边坡观测点的位移-时间关系曲线中突变段的出现或加速阶段的出现作为判据。但是对于不同的边坡,其工程地质条件、滑坡模式存在较大差异,仅根据位移与时间的导数确定的预报定量指标或阈值,显然不是十分准确,据此做出的滑坡预报也不是十分可靠[113-114]。

国际著名岩石力学家、国际岩石力学协会创始人 L. Muller 教授曾指出:"边坡是岩石力学中最简单的问题,但我们至今仍认为不能很好地解决这个问题"。边坡从开始变形到最后滑动破坏,要经历若干个阶段,正确判断边坡状态所处阶段是控制边坡稳定性的关键。在现有的知识水平下,对边坡状态的了解主要集中于初始变形阶段和临近破坏阶段,而很难对边坡状态的长期演化过程进行判断和预测。

综上所述,边坡监测虽然在工程中得到了广泛应用,但是关于边坡监测等一系列问题的研究还不成熟,岩土材料性质的特殊性和岩土体变形影响因素的复杂性给边坡监测的实施、边坡监测资料的解释、边坡监测指标的拟定等带来了相当大的难度。就目前的发展水平而言,边坡监测仍仅能实现对现象（响应量）或作用因素（原因量）的观测。虽然有大量观测数据,仍难以对边坡工程的安全状况进行直接评判,而且它们之间相关性的建立十分困难。尽管众多的专家、学者在滑坡灾害时间预报方面进行了不懈努力,也取得了诸多成果,但由于滑坡变形的复杂性、不确定性,导致滑坡预报目前仍是一个没有得到很好解决的难题,即很难实现准确的滑坡预报。相对滑坡预报,若能够在边坡初始进入变形加速阶段时,在滑坡前发出警报显得更有实际意义。但是从现有的文献资料来看,对于边坡进入变形加速阶段的判断往往是在获得进入加速阶段后的一系列监测数据之后才能做出,这种判断是滞后的。因此,如何根据边坡的动态监测数据,在滑坡之前及时、准确地捕捉边坡初始进入加速阶段的时刻,为滑坡预警的实施提供依据,还有待进一步研究。

# 1.3 研究内容及技术路线

## 1.3.1 研究内容

边坡的稳定性分析是一个系统工程,包括分析影响边坡稳定性因素、确定滑坡模式、揭示边坡岩移破坏规律、边坡的稳定性评价以及滑坡防治等。对于露井联采边坡,由于受到两种采动影响,其变形破坏规律变得更复杂,稳定性问题也变得更突出。鉴于对国内外相关文献的分析与认识,本书结合平庄西露天矿顶帮边坡工程实际情况,综合应用理论分析、相似材料模拟试验、数值模拟、地表位移监测及数理统计等方法和手段,对露井联采条件下逆倾边坡的岩移规律及稳定性等问题进行深入研究,主要研究内容如下:

(1)在前人研究成果基础上,总结露天矿边坡稳定性的影响因素,探讨露井联采条件下逆倾边坡的变形机理,分析地下开采对露天矿边坡破坏模式和稳定性的影响,阐明露井联采逆倾边坡的岩移机制。

(2)分析边坡的工程地质特征,进行边坡工程地质分区,探讨地质因素对边坡稳定性的影响,总结滑坡历史,分析边坡潜在的滑坡模式。

(3)结合现场实际条件,构建露井联采逆倾边坡的相似材料模型,研究开采过程中坡体的变形破坏规律和地表下沉特征,分析地下开采对露天矿边坡变形的影响。

(4)对比分析单一露天开采和露井联采条件下逆倾边坡的稳定性,研究不同条件下边坡失稳过程中岩体的变形破坏特征、位移特征及应力分布特征的差异,分析地下开采对露天矿边坡稳定性的影响及其原因。

(5)整理分析地表位移监测数据,分析边坡的变形规律及其影响因素,确定地下开采对边坡的影响范围,同时判断边坡的稳定性状态。

(6)探讨常用滑坡判据的适用性及局限性,基于假设检验原理,分析边坡从变形到破坏过程中位移速度及位移加速度变量的分布特征,提出能够及时、准确识别边坡进入临滑时刻的方法,以提高滑坡预警的可靠性。

## 1.3.2 技术路线

基于以上研究内容,本书的技术路线如下:

(1)进行现场调研,收集、整理并分析国内外相关领域的文献资料;

(2)分析边坡工程地质特征,确定边坡的潜在滑坡模式;

(3)露井联采逆倾边坡岩移规律的相似材料模拟试验研究;

(4)应用极限平衡分析和数值模拟,对比分析单一露天开采和露井联采条件下边坡的稳定性及其失稳特征；

（5）整理地表位移监测数据,分析边坡岩体位移规律,判定边坡所处状态；

（6）分析边坡从变形到破坏过程中位移速度和位移加速度变量的分布特征,研究能够及时、准确识别边坡临滑时刻的方法；

（7）总结研究成果。

技术路线流程如图 1-1 所示。

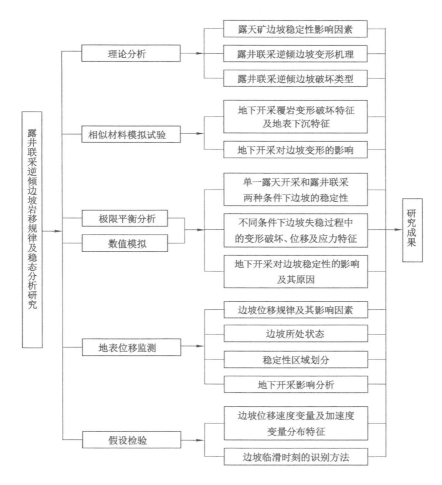

图 1-1 技术路线流程图

# 2　露井联采逆倾边坡的岩移机制分析

边坡岩体的移动变形是一个复杂的、不可逆的动态过程,且边坡的演变受到很多因素的影响,正是由于不同条件下的边坡变形和稳定性作用因素不同,其变形破坏机制存在较大差异。边坡失稳的实质是边坡岩体发生变形破坏的过程,而岩体的变形破坏取决于岩体本身的强度特性和应力状态。可以认为:边坡的失稳过程是在各种影响因素的共同作用下,岩体应力状态与其自身强度特性之间不断地相互作用而寻求新的平衡的过程。因此,有必要总结分析露天矿边坡稳定性的影响因素,探讨露井联采条件下边坡的变形机理,分析该条件下边坡的破坏模式,从而阐明露井联采逆倾边坡的岩移机制。

## 2.1　露天矿边坡稳定性影响因素分析

鉴于以上分析,边坡稳定性的影响因素可概括为岩体强度特性的影响因素和岩体应力分布的影响因素。改变或影响边坡岩体应力状态和强度特性的因素很多,其中主要包括岩性、岩体结构、水的作用、风化作用、地震、天然应力、地形地貌及人为因素等。总的来说,露天矿边坡稳定性影响因素可分为自然因素、工程因素及时间效应[67,115]。

### 2.1.1　自然因素

露天矿边坡属于典型的岩质边坡,影响其稳定性的自然因素较多,主要包括岩体岩性特征、地质构造、岩体结构、原岩应力、地下水及气象条件、风化作用、地震效应等。

（1）岩体岩性特征

边坡岩体的岩性是决定边坡稳定性及邻近地表变形程度的关键因素。晏同珍根据我国东南、中南地区滑坡的研究指出:页岩、砂页岩、黏土岩、石灰岩、板岩等 5 种岩组为最易滑坡岩组,白云岩、凝灰岩、石英岩为非易滑坡岩组。岩石的种类不同,其矿物成分、颗粒大小、胶结物性质和胶结程度差别很大,具有显著的物理力学性质差异。一般来说,矿物软,岩石强度较低;但矿物硬,岩石强度不一定高,岩石强度的大小除取决于组成其矿物成分外,还取决于矿物颗粒间的组合特征。岩体的物理性质主要包括比重、容重、空隙率、含水率、吸水率、透水性、饱和度、可溶性、热胀性等;岩体的力学性质包括抗拉强度、抗压强度、抗剪强度、残余强度、黏聚力、摩擦系数、阻尼系数、弹性模量、泊松比等。上述物理力学参数相互效应明显,一个参数的变化在一定的工程地质条件下将引起另外几个参数的相应变化。

（2）地质构造

地质构造对岩质边坡稳定性的影响是十分明显的,在区域构造复杂、新构造运动比较活跃的地区,边坡稳定性较差,失稳边坡发育的方式、分布的疏密与构造线的方向及部位有密切关系。例如:三峡库区中集中构造体系复合相交部位以及向斜谷是三峡谷坡变形较为严重的构造部位,80%以上滑坡、崩塌、崩滑均发育在向斜谷。控制区域性滑坡、崩塌发育分布的最基本的构造因素是构造线走向,当河谷走向与构造线方向垂直时,岸坡比较稳定,较少发生滑坡与崩塌;当河谷走向与构造线方向一致时,处于向斜河谷的顺向坡是滑坡发育敏感的部位;几种构造体系复合交接部位的向斜河谷则是滑坡、崩塌发育均敏感的部位。地质构造构成边坡失稳的破坏面或周界,直接控制边坡变形破坏的形式和规模。

（3）岩体结构

岩体是地质历史上遭受变形、破坏、多种结构面切割的地质体。岩体结构是结构面性状和结构面切割程度的反映,表征了地质构造作用严重程度和结构面发育情况,是岩体的基本特性之一。岩体结构发育特征是岩体强度、变形、渗透性和边坡岩体移动变形破坏模式的控制因素。地质构造因素对岩质边坡的稳定性影响十分明显,岩层或结构面的产状对边坡稳定性也有很大影响。岩体结构面的成因类型有很多,性质也很复杂,各具不同的特征。

考察结构面的状态,主要考虑以下几点:

① 结构面的物质组成;

② 结构面的延展性与贯通性;

③ 结构面的平整光滑程度、平直完整程度及起伏差等特征;

④ 结构面的密集程度。

孙玉科把软弱结构面的地质类型分为三种类型:

① 层间错动面或错动带,层间错动越发育,错距越大,其破碎和泥化程度越高;

② 断层破碎带,这是破裂构造的主要表现方式,断裂错动越大,断层泥化、糜棱岩化越发育,力学性能越低;

③ 接触破碎带与基性、超基性岩脉,前者是动力变质和错动的产物,片理或劈理发育,岩层揉皱与变质,岩性软弱,易风化与软化。

岩体的岩性和岩体结构虽然是自然地质运动形成的,但是人类活动也可以改变其结构和形态。采矿活动破坏了岩体的完整性,使其周围岩层产生松动和裂隙;在水或其他因素的作用下,坚硬岩石组成的岩体也可以弱化或软化,容易被破坏。为了保护岩体或与岩体相关的建筑物,通过治理可以提高岩体的强度或改善结构,使其向有利的方向发展。长江三峡链子崖下方经过近500年的采煤历史,岩体严重开裂变形,一旦失稳崩滑,将会有约230万 $m^3$ 的岩体滑入长江,会造成堵江断航等严重后果,经过在采空区设置承重阻滑键对松软充填垮落体置换,同时在岩体上方采取巨型锚索锚固措施,有效遏制了危岩体的下沉及倾倒变形[116]。

（4）原岩应力

原岩应力是控制边坡岩体节理、裂隙发育及边坡岩体变形的重要因素之一。边坡内部的初始应力主要是自重应力和构造应力。坡体中的结构面使边坡内部应力场分布变得复杂,在结构面周边会产生应力集中或应力阻滞现象,当应力集中的量值超过岩体的强度时,边坡岩体便破坏。例如:金川露天矿边坡的变形破坏充分说明了地应力对边坡岩体变形破坏的总体控制作用。矿区地应力测量表明:在近似垂直于露天坑长轴方向存在大于岩体垂直自重应力2倍左右的区域性构造应力场。在该区域构造应力场的作用下,边坡岩体虽然比较破碎,稳定性比较差,而露天采场的西端帮边坡岩体更差,为第四系松散或弱胶结岩体,强度低,成岩差。在这种条件下虽然上下盘边坡均产生了明显的变形破坏,而西端帮却能保持完整无损,其主要原因是露天采场形态与构造应力作用方向的有利组合。

（5）地下水及气象条件

地下水对边坡岩体变形破坏的影响主要表现在以下几个方面:软化组成岩石的矿物,降低岩体特别是滑面岩体的强度,对于软弱岩体,强度软化系数一般仅为 0.5～0.7;地下水的静水压力一方面降低了滑面上的有效法向应力,从而降低滑面的抗滑力,另一方面切割面中静水压力又增加了滑体的下滑力,从而使边坡的稳定条件恶化;在节理化岩体中,地下水还会产生渗透力,岩体变形失稳的作用力增大。气象条件影响边坡稳定的方式多种多样,有风化作用、降雨作用、风蚀作用以及冻融作用等,但较为突出的是降水作用,尤其是暴雨。大量的边坡失稳均发生在暴雨季节。

（6）风化作用

长期暴露在地表的边坡岩体,受水文、气象变化的影响,逐渐产生物理和化学风化作用,出现各种不良现象,如产生次生矿物、节理张开或裂隙扩大,并出现新的风化裂隙,岩体结构破坏、重度减小、物理力学性能降低等,对边坡变形的发生和发展起促进作用。实际资料表明:岩石遭受风化作用后,边坡的稳定性均有不同程度降低。岩石风化越深,边坡的稳定性越差。

（7）地震效应

地震力对边坡稳定性的影响主要体现在对边坡岩体结构的破坏和动力作用上。地震一方面可以直接触发边坡破坏失稳,另一方面还会使边坡岩体的结构发生破坏或改变,形成特殊的边坡岩体结构。在Ⅵ度以上的地震区,一般应在边坡防护设计中加以考虑,以提供足够的安全储备。

## 2.1.2　工程因素

影响露天矿边坡稳定性的工程因素主要包括开挖卸荷效应、爆破振动效应以及边坡设计等。

（1）开挖卸荷效应

露天矿开挖作业会引起边坡岩体的卸荷回弹,导致坡面岩体应力松弛。由于开挖破坏了岩体中的自然平衡状态,使岩体中应力场重新分布,从而导致边坡产生变形和位移。当这种应力重新分布的结果处于边坡岩体强度的允许范围内时,边坡是稳定的。当这种自我调节的应力、变形超过了边坡岩体的允许范围,边坡岩体将失稳破坏,此时要保持边坡稳定则必须采取人工加固工程措施。因此,开挖卸荷效应是露天矿边坡变形和破坏的根本原因。

(2)爆破振动效应

对露天矿边坡的开挖作业一般采取钻孔爆破方式,但爆破炸药量、爆破方式及起爆顺序的不同,对岩质边坡的稳定性动力作用和松动作用也不同。爆破产生的冲击应力对边坡岩体产生冲击和剪切作用,使边坡岩体强度衰减,导致边坡失稳。另外,爆破作用会使岩体中原有的节理、裂隙张开并产生新的裂隙,引起岩体产生松动而破坏其原有的完整性,致使边坡稳定性降低。实践表明:常规爆破方法对边坡稳定性影响最大,而微差爆破、预裂爆破和光面爆破的影响相对较小。

(3)边坡设计

边坡设计也是其稳定性的关键影响因素,边坡形状与几何尺寸即边坡施工断面形状、边坡高度、坡度等均会对边坡稳定性起到巨大的影响。随着开挖形成的边坡角的增大,坡肩附近的张应力和坡脚处的剪应力将发生较大变化,特别是坡脚处的剪应力集中程度将显著提高,从而直接影响边坡的稳定性;边坡高度对边坡稳定性的影响类似于开挖坡度,但其影响比坡度的影响小得多,开挖相同高度的边坡时,坡内应力的变化是很平缓的,一般在坡高变化不大的情况下,坡高的影响很小,可不考虑。

## 2.1.3 时间效应

露天矿边坡的变形和破坏大多数与岩体中软弱夹层的时效蠕变特征有着密切关系,其抗剪强度随着时间的增加而降低。剪力不超过层面的长期剪切强度时,边坡处于稳定状态;剪力超过层面的长期抗剪强度时,边坡便发生不稳定蠕变,最后加速蠕变而发生滑坡。

# 2.2 逆倾边坡滑坡模式分析

逆倾边坡系指层状反向结构岩石边坡,岩层走向与边坡基本一致,而倾向与坡面倾向相反的边坡。逆倾边坡变形、破坏特征受边坡的结构(坡角、岩层倾角、坡高、层厚、岩体及层面力学性质)、岩体强度、初始应力、地下水和边坡服务时间等因素的控制。

边坡岩体中的应力对边坡的变形与破坏影响极大,了解其分布特征对认识边坡的变形和破坏机制是十分重要的。由于边坡岩体通常是由非均质的各向异性不连续介质组成,因而边坡上的应力分布和变化极其复杂。假定边坡岩体为均质连续弹性介质,在坡顶和坡面的靠近表面部位,可出现一个拉应力带;在坡脚附近形成剪应力集中带。随着坡高的增加,坡内应力值也随着呈线性增大;坡角变陡,拉应力的范围随之增大,切向应力增大,坡角附近最大剪应力值也随着增大。当岩层倾角大于45°时,逆倾边坡易发生倾倒变形破坏,如图2-1所示。

当岩层缓倾斜、近水平赋存时,边坡稳定性较好。若受到开挖影响,作用在软弱层面上的垂直力与水平力都将发生变化,并伴随着岩体变形。首先是水平应力释放,岩体松

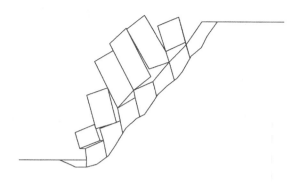

图 2-1 逆倾边坡倾倒破坏

弛,出现水平位移。随着时间的增加,水平应力逐渐减小,垂直力在层面上的作用逐渐增强,在长期的重力荷载作用下,边坡将发生沿层面的剪切蠕变。如剪力超过层面的长期剪切强度时,边坡发生不稳定蠕变,即边坡经过初始衰减蠕变和等速蠕变,最后到达加速蠕变,发生切层-顺层滑坡;当弱层效应不明显时,边坡发生圆弧滑动。逆倾边坡圆弧滑面滑动和组合滑面滑动如图 2-2 所示。

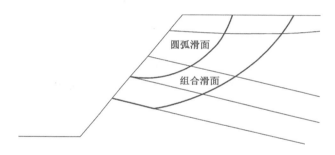

图 2-2 逆倾边坡圆弧滑面滑动和组合滑面滑动

## 2.3 地下开采覆岩变形破坏机理分析

岩石在地壳中处于自然应力状态,如果不受外力作用或扰动,在地壳中不同空间单元上的应力 $\sigma_0$ 将基本保持不变。地下岩体工程开挖将改变其周边的原岩应力场分布,且不同的开挖量,其开挖效应的影响域大小不同;开挖结束后,在开挖影响域内的岩体应力状态已由原岩应力 $\boldsymbol{\sigma}_0$ 转变为 $\boldsymbol{\sigma}_D$。然而,在开挖影响域内的不同空间位置上,其应力变化量不等,即 $\Delta\boldsymbol{\sigma}_D = \boldsymbol{\sigma}_D - \boldsymbol{\sigma}_0 \neq$ 常数。如图 2-3 所示,即使两个单元体 $i,j$ 位于同一水平或同一层位上,由于它们与开挖区之间的相对空间位置不同,所受开挖效应的影响也不同,因此将产生不同的应力变化量。正是由于这种变化量的不同,所以在采动影响域内形成了不同的应力变化空间,即形成拉伸域、压缩域。也正是因为这种应力重新分布,采动影响域内的应力场完全不同于原岩应力场。

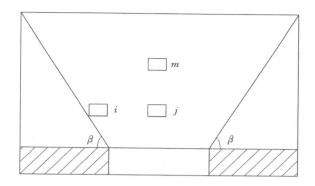

图 2-3　开挖影响域内不同空间单元体移动形态

　　当采空区较小时（巷道或采区开切眼），开挖后的应力分布如图 2-4 所示。由于应力重新分布，压力线变形，应力变化较大的地方压力线密集或变疏散，从而在采空区的上、下方形成减压区，而在周边形成增压区（支承压力区），其峰值是原岩应力的 2～3 倍，这就是岩体工程开挖引起的围岩应力场演变的主要特点。

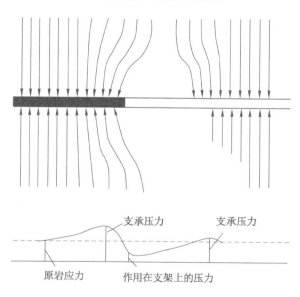

图 2-4　采空区围岩应力线分布图

　　地下开采引起应力重新分布，造成采场上覆岩体的垮落、断裂、离层、移动、变形等，表现为开挖受力、变形和位移的全过程，最终由下向上发展至地表引起地表移动，如图 2-5 所示。其中滑移面即岩层移动的边界，其倾角 $\beta$ 称为边界移动角，滑移面以外的岩体基本不受采动影响。

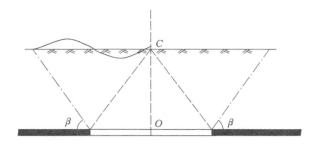

图 2-5　岩层移动示意图

# 2.4　露井联采逆倾边坡变形机理研究

工程开挖造成应力场的改变是边坡岩体变形的根本原因,因此首先分析露井联采条件下边坡岩体的应力特征。假定边坡岩体某一点的原岩应力状态为 $\boldsymbol{\sigma}_0$,由露天开采引起的应力变化为 $\boldsymbol{\sigma}_L$,由地下开采引起的应力变化为 $\boldsymbol{\sigma}_D$。由于两种采动效应相互重叠,那么在两者共同作用下边坡岩体内的应力场为:

$$\boldsymbol{\sigma}_1 = \boldsymbol{\sigma}_0 + \boldsymbol{\sigma}_L + \boldsymbol{\sigma}_D \qquad (2\text{-}1)$$

也就是说,由于露天、井工联合采动,边坡岩体内形成了应力叠加体系,并且随着露天和井工的开挖而动态变化。

应力变化的过程实际上是寻求新的平衡的过程,伴随着岩体的变形。从露井联采边坡岩体的变形特征来看,是一个叠加体系,即

$$\boldsymbol{u}_1 = \boldsymbol{u}_L + \boldsymbol{u}_D \qquad (2\text{-}2)$$

式中　$\boldsymbol{u}_1$——露井联采的叠加位移矢量;

　　　$\boldsymbol{u}_L$——露天开采造成的位移矢量;

　　　$\boldsymbol{u}_D$——井工开采造成的位移矢量。

随着地下开采空间的扩大,边坡岩体破坏程度递增,边坡体的变形也越剧烈。但是地下采动效应对边坡体的不同空间位置或不同区域的影响与边坡岩体本身变形所产生的叠加结果是不同的,如图 2-6 所示,$A$、$B$ 两点位移的合成矢量的方向不一致。

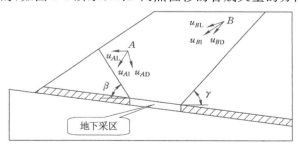

$\beta,\gamma$——边界移动角。

图 2-6　露井联采逆倾边坡变形机理示意图

一般位于地下采区不同空间位置上，矢量具有三维特性。所以上山方向一侧边坡体的合成矢量方向要视地下开采量和该点的空间位置而定，并不能肯定指向地下采区，也有可能指向坑内，这种变形机制是对边坡表层一定深度以上而言，但对于边坡体一定深度以下来说，由于露天采动影响逐渐减弱，并在某一深度以下露天采动没有影响，那么在这些区域的岩体变形将表现为地下采动特征。

## 2.5  地下开采对边坡破坏模式和稳定性的影响研究

至今对于地下开采如何对露天矿边坡稳定性起到何种影响及影响程度没有统一的认识，但对于两种开挖效应的叠加认识一致。露天开采造成边坡沿一定的滑面（带）产生滑移破坏，而地下开采造成上覆岩层按一定的边界产生塌陷破坏，因此，按潜在滑面是否进入地下开采形成的地表塌陷范围及其进入的长度，可将露井联采条件下边坡的破坏模式分为三种类型。

（1）滑移型破坏

若地下开采造成的岩层移动与破坏未波及边坡最危险滑动面，此时边坡稳定性不受影响，如图 2-7(a)所示，露天采空区一侧边坡仍以滑移破坏为主。此时可采用条分法计算边坡的稳定性系数 $F_s$：

$$F_s = \frac{\sum (Cl_i + \tan \varphi W_i \cos \alpha_i)}{\sum W_i \sin \alpha_i} \tag{2-3}$$

式中　$l_i$——任一条块 $i$ 的底滑面长度；

　　　$W_i$——条块 $i$ 的重力；

　　　$\alpha_i$——条块 $i$ 的底滑面倾角；

　　　$C, \varphi$——岩体的黏聚力和内摩擦角。

（2）滑移-塌陷复合型破坏

若部分潜在滑面处于塌陷范围以内时，则发生滑移-塌陷复合型破坏，如图 2-7(b)所示。此时边坡的稳定性下降，影响程度应根据潜在滑面进入地下开采影响范围和受塌陷影响后岩体的强度指标而定，其稳定性系数 $F_s$ 为：

$$F_s = \frac{\sum (Cl_j + C'l_k + \tan \varphi W_j \cos \alpha_j + \tan \varphi' W_k \cos \alpha_k)}{\sum W_j \sin \alpha_j + W_k \sin \alpha_k} \tag{2-4}$$

式中　$l_j$、$l_k$——塌陷范围以外和进入塌陷范围内的任一条块底滑面长度；

　　　$W_j$、$W_k$——塌陷范围以外条块 $j$ 和进入塌陷范围内条块 $k$ 的重力；

　　　$\alpha_j$、$\alpha_k$——塌陷范围以外条块 $j$ 和进入塌陷范围内条块 $k$ 的底滑面倾角；

　　　$C'$、$\varphi'$——岩体受到塌陷影响后的黏聚力和内摩擦角。

假设潜在滑面不发生变化，即 $\sum l_i = \sum l_j + \sum l_k$，则以上受到塌陷影响前、后的下滑力是相等的，而部分岩体的抗剪强度参数由原来的 $C$、$\varphi$ 弱化为 $C'$、$\varphi'$，即抗滑力相对减小，因此边坡的稳定性下降，其降低幅度取决于进入塌陷范围内的潜在滑面长度 $l_k$ 和岩

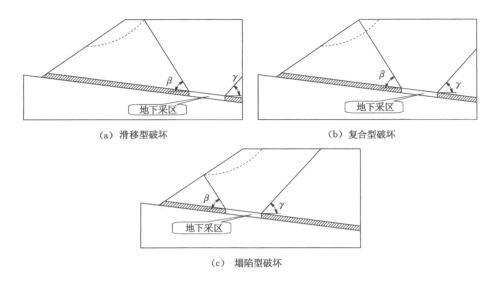

（a）滑移型破坏　　　　　　　　　　　（b）复合型破坏

（c）　塌陷型破坏

图 2-7　露井联采边坡破坏模式

体强度参数弱化程度,因此,地下开采的空间位置对边坡的稳定性和破坏模式影响显著。

（3）塌陷型破坏

若整个潜在滑面大范围处于地下开采形成的塌陷盆地以内,则边坡发生塌陷破坏,如图 2-7(c)所示,此时不能再按传统的边坡稳定性系数计算方法进行计算。

# 2.6　本章小结

本章总结了露天矿边坡稳定性的影响因素,分析了露井联采条件下逆倾边坡的变形机理,研究了地下开采对边坡破坏模式和稳定性的影响,从而阐述了露井联采逆倾边坡的岩移机制。

（1）在地下开采影响范围内的边坡岩体,由于受到附加应力的影响,其应力、变形表现为露天、地下开采单独作用时的叠加,不同空间位置叠加效应存在差异,造成不同区域的岩体表现出不同的变形特征;这种叠加效应将造成边坡更易失稳,因此,在受到地下开采影响时,边坡稳定性不可避免会有一定程度的下降。

（2）露井联采条件下,按边坡潜在滑面进入地下开采塌陷范围内的程度,将边坡的破坏模式划分为三种类型:当潜在滑面未进入地下开采塌陷范围内时,边坡发生滑移型破坏;全部进入时,发生塌陷型破坏;部分进入时,发生滑移-塌陷复合型破坏。

（3）地下开采的空间位置对边坡的破坏模式和稳定性有显著影响,其影响大小取决于进入塌陷范围内的边坡潜在滑面长度和岩体强度参数弱化程度,据此提出了计算露井联采边坡稳定性系数的极限平衡法。

# 3　研究区工程概况及地质特征分析

掌握工程概况及地质特征是科学评价边坡稳定性和充分认识滑坡机理的前提和基础。因此,有必要对本书的研究对象——平庄西露天矿顶帮边坡开展系统、全面的地质调查,明确露天、井工开挖工程的空间关系,分析边坡的工程地质特征及地质因素对边坡稳定性的影响,对边坡稳定性做出初步评价,确定潜在的滑坡模式。

## 3.1　工程概况

平庄西露天矿是我国第一个自行设计的露天矿,于 1958 年 8 月开工建设,设计生产能力为 1.5 Mt/a。原设计开拓开采方式为:沿煤层底板拉沟,走向布置工作线,水平分层,倾向推进,底帮固定坑线与顶帮移动坑线相结合的开拓运输方式,外部排土场排弃。截至 2006 年年末,已采出原煤 $4.472 \times 10^7$ t,完成剥离量 $2.111\ 4 \times 10^8$ t,形成了走向长 3.8 km、倾向宽 0.7~1.2 km 的露天采场。底部最低标高＋380 m,底帮地表标高＋550 m 左右,顶帮地表标高为＋550~＋716 m。底帮为顺层边坡,最大高度为 170 m,倾角为 15°~20°,顶帮为逆倾边坡,最大高度为 336 m,倾角为 17°~28°,其中到界帮坡角为 22°~34°,局部最大帮坡角为 61°。2008 年,露天矿深部开始由原来的纵采转为横采内排方案,选择在采场中部建立台阶工作线向北推进,剥离物排至北部的临时排土场。横采内排方案的实施增加了露天矿的煤炭可采量,若按原有的产量,可使露天矿的服务年限延至 2020 年,因此该方案的实施将产生较大的经济效益和社会效益。

平庄西露天矿 1# 和 2# 煤层的深部划分给五家矿四井开采,该矿 1986 年 11 月建井,设计生产能力为 0.25 Mt/a,到目前为止已采出原煤约 4.10 Mt,采动面积 22 万 m²。采煤方法为倾斜长壁采煤法,顶板处理方法为垮落法。五家矿四井开拓巷道布置,采煤工作面位置与平庄西露天矿顶帮的对应关系如图 3-1 所示,图中 0 线为地质剖面线。

由于五家矿四井对 1#、2# 煤层进行开采,使得平庄西露天矿顶帮出现了较大范围的沉陷区和诸多裂隙(图 3-2 和图 3-3),边坡岩体完整性遭到严重破坏,因此有必要分析地下开采对边坡稳定性的影响,以便采取合理的措施避免滑坡灾害发生,保证露天矿作业人员和设备的安全及深部横采内排方案的顺利实施。

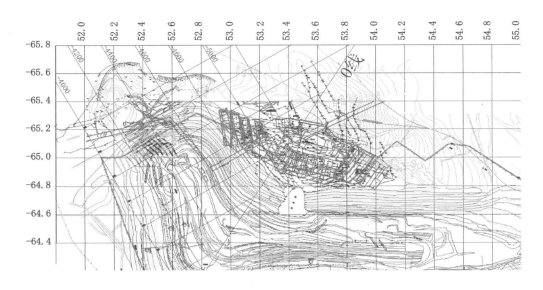

图 3-1　井工矿工作面与露天矿顶帮位置对应关系(单位:m)

图 3-2　地下采空区上方露天矿顶帮破坏情况

图 3-3　地表沉陷和裂缝

## 3.2 工程地质特征分析

### 3.2.1 地层和岩性特征

平庄西露天矿顶帮边坡出露地层由下至上分别为：

（1）侏罗系九佛组杏园段（$J_{34-2}$）

本段主要由灰白色中、粗粒石英砂岩、灰黑色泥页岩及少量灰白色砂砾岩组成,其中灰黑色泥页岩致密、坚硬,水平层理发育,厚 405 m。

（2）侏罗系阜新组元宝山段（$J_{35-1}$）

本段分为 3 个地层单元,下部砂岩层段以灰白色细、中粒砂岩为主,夹薄层泥岩,南厚北薄,厚度为 2～26 m;中部含煤层段以煤层为主,含 1 煤、2-1 煤和 2 煤 3 个可采煤层,煤层间岩层以灰白色砂岩及灰色泥岩为主,含少量灰白色砾岩,本层段厚度为 50～100 m;上部泥岩层段由灰色砂岩、砂质泥岩组成,夹 1～6 个薄煤层,局部可采,本层段厚度为 40～60 m,2 煤顶板之上夹有辉绿岩岩床,黑色致密块状、柱状节理发育。

（3）侏罗系阜新组水泉段（$J_{35-2}$）

由棕黄色砂岩、砂砾岩、灰绿色砂岩泥岩互层,含数层棕色砂砾岩。砾石成分为花岗岩、花岗片麻岩、石英岩等,粒径一般为 2～10 cm,分选不好,胶结松散;本段厚度为 20～245 m,平均厚度为 150 m。

（4）新近系中新统哈尔滨组（$N_1$）

本段分为 3 个地层单元,下部为粗砂质泥岩、砂砾岩,胶结松散。砾石成分为花岗岩、片麻岩,并以含辉绿岩砾石为特征。粒径为 2～10 cm;中部为灰黑色页岩,细腻柔软,具塑性,层理明显,风化后呈碎片状;上部为灰黄色砂岩、砂质泥岩,砂岩极松散,呈半胶结或未胶结状;该组厚 20～49 m,平均厚度为 40 m,地层产状平缓,与下伏水泉段为不整合接触。

（5）新近系上新统玄武岩（$N_2\beta$）

本段为具有气孔构造的玄武岩,厚度最大约为 96.4 m,鞍部大致沿 3600 剖面在 +612 m 标高东西向延伸,向南北两边倾斜。

（6）第四系更新统（$Q_{1-3}$）

本段分为 3 个地层单元,分别为下更新统、中更新统和上更新统。下更新统（$Q_1$）为灰绿色砂砾石层,由风化辉绿岩和紫灰色风化玄武岩构成,粒径大小不一,一般为 2～10 cm,大者可达 30 cm,与下伏地层呈不整合接触,层厚为 0～19.7 m,平均厚度为 10 m;中更新统赤峰红土（$Q_2$）为棕红色砂质黏土,上部颜色较浅,下部颜色较深,含数层钙质结核,厚度为 0～30 m,平均厚度为 15 m;上更新统马兰黄土（$Q_3$）为灰黄色,垂直节理发育,含钙质结核,厚度为 0～30 m,平均厚度为 20 m。

（7）第四系全新统（$Q_4$）

该段为现代冲击砂砾石层及土壤,厚度为 1～3 m,平均厚度为 2 m。

综上所述,沿煤层走向由北向南边坡高度增大,喷出玄武岩层变厚,侵入辉绿岩变薄,特别是过 0 线地质剖面后厚度变化急剧并向南倾斜(图 3-4),造成南部边坡稳定性较北部边坡差;沿煤层倾向方向上边坡为逆倾边坡,如图 3-5 所示。

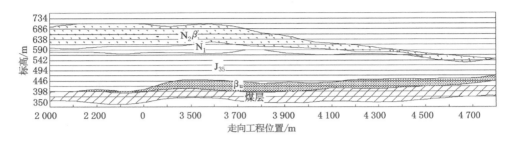

图 3-4　沿边坡走向岩层分布情况示意图

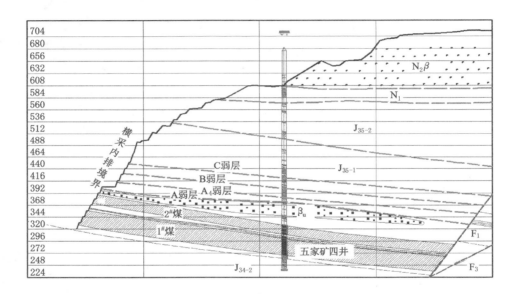

图 3-5　平庄西露天矿顶帮边坡典型工程地质剖面图

## 3.2.2　岩体结构特征

经过多年开采,平庄西露天矿各种岩石均已裸露。顶帮台阶组成岩石为:玄武岩台阶 8 个,最大厚度为 87 m;新近系沉积岩台阶 2～5 个,最大厚度为 46 m;侏罗系沉积岩台阶 10～12 个,最大厚度为 133 m;辉绿岩台阶 3～5 个,最大厚度为 72 m。

### 3.2.2.1　岩石组合特征

根据顶帮边坡地层岩性分布特征,可将其划分为以下几个岩组。

(1)第四系松散岩组

该岩组主要分布在南北端帮。南部以砂质黏土和黏土为主,厚度为 5～20 m,其下与侏罗系间有一顺山坡分布的坡积残积砾石绿泥层,厚度为 0.5～3 m;绿泥层质软、可塑、含水、细腻滑手,建矿初期滑坡多以此为滑动面。在北部和西北部,该岩组厚度为10～20 m,由1～2个台阶构成,上部为由砂质黏土、砂土、粉土构成的次生黄土;底部为厚层冲积砂砾石层。该层透水性良好。

(2)新近系碎裂、半松散岩组

该岩组分布在1700-4300剖面之间,在边坡面上的南部出露标高为+590 m,北部出露标高为+575 m;其上为玄武岩山包,下部为砂岩、泥岩及砾岩,岩性组合在走向上均有变化;▽596平盘以上为风化碎裂玄武岩,呈盖帽形状,除底界个别小断层构成与下伏砂岩间的地堑、地垒段外,其余部位基本接近水平状,表面呈强风化碎裂状,柱状节理一直延至玄武岩层底部,节理间距为0.1～0.9 m;玄武岩以下为松散砂岩,多为粗砂、中砂及细砂岩,胶结差,裸露后很快风化为散状砂,厚度为5～30 m,平均厚度为20 m;砂岩层下部为泥岩,具有水平层理,细腻光滑,暴露于空气中很快碎裂成小块,遇水泥化成软弱层,厚度为6～10.8 m,下伏一层塑态泥状层,隔水性能良好;新近系地层底部岩层为砂砾岩,该层不整合于侏罗系上,分布连续,砾石成分以花岗质和石英质为主,泥质胶结,裸露后易风化成散砾。

(3)侏罗系上段——泥砂岩岩组

本岩组分布于新近系底部砂砾岩之下至▽530平盘以上,以灰绿、棕黄色砂岩与浅灰色泥岩为主,之间夹有砂砾岩条带,呈互层状重复出现,泥质或钙质胶结,胶结较差;本岩组砂岩体积大于泥岩,存在2组泥岩弱层(D弱层和E弱层),零星分布,不连续。

(4)侏罗系中段——砂泥岩岩组

本岩组分布于▽530平盘以下,2#煤顶板之上,以灰色砂泥岩、泥岩为主,之间夹有砂岩、煤线、泥岩等互层状条带,其下部接近2#煤顶板部位,发育有厚约10 m的炭质泥岩、泥岩、薄煤互层;该岩组中存在4组软泥岩弱层(A弱层、$A_4$弱层、B弱层和C弱层),其中最下部的A弱层和$A_4$弱层位于辉绿岩和2#煤顶板之上,该层呈软塑状,滑腻染手,分布于0-3700剖面间,厚度较大,B弱层和C弱层为软泥岩,仅局部存在;本岩组砂砾岩明显减少。

(5)碎裂镶嵌辉绿岩岩组

本岩组为辉绿岩床,分布于2100-4800剖面之间,在3800剖面以南距2#煤顶板3～5 m,以北距2#煤顶板5～24 m,大致与岩层倾向一致,39-4孔所见垂直厚度为80.82 m,向四周变薄、尖灭。该岩体中有131°∠80°、30°∠81°、68°∠83° 3组主要节理,将岩体切割成基块状镶嵌。

### 3.2.2.2 结构面

(1)层理面

层理面在顶帮新近系以下的沉积地层中广泛发育,层理面将岩体分割成厚薄不等的层状结构。

(2)断层

实见和经推定的断层有4条,分别是$F_1$、$F_3$、$F_{02}$、$F_{03}$,其中$F_1$、$F_3$为大断层,$F_{02}$、$F_{03}$

为较小断层,皆为正断层,特征分述如下:

① $F_1$ 断层:该断层各区域的走向有所差异(南部 N25°E、中部 N45°~60°E、北部 N10°E),倾向 SE,倾角为 43°~55°,铅直地层断距为 0~90 m,南大北小,在 4 200 剖面以南延展 1 600 余米;在山顶玄武岩中存在一条以 N50°E 方向延展 1 000 余米的大裂缝,经推断为 $F_1$ 盲露头。

② $F_3$ 断层:边界斜交正断层,走向 N26°~40°E,倾向 SE,倾角 26°~33°,铅直地层断距大于 300 m,在矿田内延展 3 000 余米,为区域性大断层。

③ $F_{02}$ 断层:该断层与 $F_1$ 断层斜交,属于 $F_1$ 伴生断层,其产状为 320°∠70°,铅直地层断距为 0~20 m,延展长度 200 余米。

④ $F_{03}$ 断层:$F_1$ 伴生小断层,断层产状为 312°∠62°,铅直地层断距为 2 m。

(3)节理面

新近系沉积岩中发育 2~3 组优势节理,其中倾向 118°~173° 的优势节理普遍发育,在露天矿南区该组节理走向与边坡走向接近平行;侏罗系岩层节理较发育,密度也较大(节理间距为 0.1~0.6 m)。玄武岩中存在大量的成岩柱状节理,张开性好,一直延伸至玄武岩底板,节理组数为 6 组,密度较大。另外,在玄武岩表层分布着大量风化节理,促使表面玄武岩更破碎。辉绿岩床中也存在大量成岩过程中产生的收缩节理,约 3~5 组,将岩体切割成大小不等的岩块。

### 3.2.2.3　岩体结构类型

平庄西露天矿顶帮边坡岩体结构复杂,不同地层差异较大,经详细分析可将其岩体结构归纳为如下 5 种:散体结构的第四系沉积物、碎裂结构的玄武岩、半散体结构的新近系沉积岩、层状结构的侏罗系沉积岩和块状结构的辉绿岩。

### 3.2.2.4　岩土体物理力学参数

通过分析以往的岩石直接剪切试验、岩石变角剪切强度试验、软岩三轴剪切试验、岩石单轴抗压强度试验、大三轴抗剪强度试验、弹模试验的结果,确定了顶帮岩土体的物理力学指标,见表 3-1。可见,不同岩性物理力学性质相异,相同岩性因其胶结程度的变化,不同层位物理力学性质也相差很大,岩石的抗压强度、剪切强度随埋深的增大而明显增大,岩石的重度随埋深的增加呈微弱增大的趋势,反映了顶帮互层岩组的典型力学性状。

**表 3-1　岩体物理力学指标**

| 地层 | 岩组 | 重度/(kN/m³) | 黏聚力/MPa | 内摩擦角/(°) | 弹性模量/MPa | 泊松比 |
|------|------|------|------|------|------|------|
| $N_2\beta$ | 玄武岩 | 25.4 | 0.05 | 34 | 100 | 0.3 |
| $N_1$ | 砂岩 | 21.0 | 0.002 | 26 | 20 | 0.35 |
| | 泥岩 | 19.0 | 0.04 | 18 | 50 | 0.35 |
| $J_{35-1}$ | 泥岩、砂泥岩 | 22.1 | 0.17 | 31 | 170 | 0.3 |
| $J_{35-2}$ | 砂岩、砂泥岩 | 22.4 | 0.15 | 31 | 170 | 0.3 |

表 3-1(续)

| 地层 | 岩组 | 重度/(kN/m³) | 黏聚力/MPa | 内摩擦角/(°) | 弹性模量/MPa | 泊松比 |
|---|---|---|---|---|---|---|
| | 煤层 | 12.8 | 0.14 | 35 | 200 | 0.25 |
| | 辉绿岩 | 26.7 | 0.261 | 48 | 340 | 0.25 |
| | C 弱层 | 20.0 | 0.008 | 15.5 | | |
| $\beta_u$ | A 弱层 | 19.0 | 0.05 | 10 | | |
| | MD₁ 弱层 | 20.0 | 0.002 | 14.5 | | |
| | B 弱层 | 19.0 | 0.04 | 19.7 | | |
| | A₄ 弱层 | 20.0 | 0.07 | 15.2 | | |

## 3.2.3　气象水文与水文地质特征

### 3.2.3.1　气候特征

本地区气候为中温带半干旱大陆性季风气候。年气温变化大,冬季较长,干冷,夏季炎热,春秋两季少雨多风;多年平均降水量为 386.7 mm,多集中在 6—8 月份,占全年降水量的 67.7%,历年最大降水量为 559.6 mm,最小降水量为 219.8 mm,降水量多年变化周期为 10 年;多年平均气温为 6.9 ℃,最高气温为 7 月份(极值为 42.5 ℃),最低气温为 1 月份(极值为 -31.4 ℃);多年平均蒸发量为 1 910.16 mm,平均相对湿度为 48.7%,最大冻土层深度为 2.01 m。此种温差大、干旱的气候条件使地表岩石风化剧烈。

### 3.2.3.2　地表水特征

平庄西露天矿附近主要有三条河流,分别为老哈河、哈尔脑干河和五家干河。老哈河流经平庄煤田东部,距露天矿最近距离为 9 km,常年有水,为矿区地下水排泄区,对本矿无直接影响;哈尔脑干河位于露天矿北部境界外 150 m 处,流向东南,为季节性河流,8—9 月份流量可达 0.052 5~4.979 m³/s,为平庄西露天矿北区砂砾石含水层的重要补给水源;五家干河在露天矿东南境界外 2 km 处流过,同样为季节性河流,由于五家干河与露天矿之间存在砂质黏土层,河水对本露天矿不构成威胁。

### 3.2.3.3　水文地质特征

影响露天矿生产和边坡稳定的主要的三个含水单元如下:

(1)南区第四系含水单元

本含水单元分上、下两个含水层。上部砂质黏土夹砂砾潜水含水层直接接受大气降水和南区地表水补给,水位埋深为 5.92~18.64 m,厚度为 5.5~10.5 m;下部泥砂质砾石承压含水层埋藏于南区第四系底部基岩界面以上,厚度为 9.25~10.15 m,水头高度接近上部潜水含水层。

(2)北区第四系潜水含水单元

本单元内只有一个含水层,即第四系冲积砂砾石潜水含水层,主要补给来源为大气降水,水位埋深为 4~30 m,厚度为 10~20 m。

**（3）顶帮新近系含水单元**

本单元包括两个含水层。上部砂岩潜水含水层厚度为 6.97～22.21 m，一般厚度为 20 m，分选较差，固结不好，上部富水性和渗透性较下部强，其补给来源主要为大气降水和上覆玄武岩中的渗漏水；下部砂砾石孔隙、裂隙承压含水层，厚度为 4.25～5.84 m，富水性与渗透性都较差。由于新近系地层中小断层比较发育，上部和下部含水层存在较好的水力联系。

## 3.3　边坡工程地质分区

根据顶帮边坡岩组、结构类型、边坡形态、地层分布规律，按不同的工程地质特征，将顶帮边坡岩组自上而下分为三个分带：以新近系底砾岩为界，以上为上部工程地质分带；从新近系底砾岩至辉绿岩顶板为中部工程地质分带；辉绿岩顶板以下为下部工程地质分带。考虑到新近系边坡岩体基本处于稳定状态，所以将顶帮中部、下部分带边坡沿走向划分为Ⅰ、Ⅱ、Ⅲ、Ⅳ 4 个亚区，分别对其进行边坡稳定性分析评价。顶帮边坡工程地质稳定性分区及其稳定性特征见表 3-2。考虑到边坡稳定性影响因素在各个分区存在差异和研究需要，本书重点以Ⅱ区凸边坡为研究对象。

**表 3-2　顶帮边坡工程地质稳定性分区及其稳定性特征**

| 分区（范围） | 边坡形状 | 断层 | 弱层 | 辉绿岩 | 分区边坡稳定性特征 |
|---|---|---|---|---|---|
| Ⅰ区（1800-2100 剖面） | 凹形 | $F_1$、$F_3$ | A、$A_4$、B | — | 边坡形状对稳定性有利，基本受弱层、井工开采的综合影响，边坡稳定性一般 |
| Ⅱ区（2100-3600 剖面） | 凸形 | $F_1$、$F_3$、$F_{02}$、$F_{03}$ | A、$A_4$、B、C | 薄 | 边坡形状对稳定性极为不利，受断层、弱层、井工开采、辉绿岩的综合影响，边坡稳定性最差 |
| Ⅲ区（3600-4700 剖面） | 直线形 | $F_1$、$F_3$ | A、$A_4$、B、C、D | 厚 | 受断层、弱层、井工开采、辉绿岩的综合影响，边坡稳定性较好 |
| Ⅳ区（4700-5100 剖面） | 凹形 | $F_3$ | — | 较薄 | 边坡稳定性受 $F_3$ 断层控制，稳定性较好 |

## 3.4　地质因素对边坡稳定性的影响分析

### 3.4.1　地层岩性影响

（1）第四系砂质黏土体结构松散，其黏聚力为 0.05 MPa，内摩擦角为 24°。因此，其稳定性是靠岩石颗粒自重产生的摩擦力来保持的，说明在无外界干扰情况下坡角小于 24°时才能稳定，若受振动和降水的影响，其稳定坡角会更小。

（2）玄武岩块的单轴抗压强度为 66.9 MPa，但岩体结构为碎裂结构，强度很低，黏聚力只有 0.05 MPa，内摩擦角为 34°。另外，玄武岩完全裸露于地表，节理裂隙十分发育，且受到温差季节性变化产生的物理风化作用，岩体裂隙的张开度增大，使其黏聚力降低。因此，顶帮边坡上部的玄武岩体是边坡稳定的不利因素。

（3）新近系沉积地层上部为松散砂岩，强度很低，黏聚力仅为 0.002 MPa，内摩擦角为 26°；中部为泥岩，处于半固结状态，暴露后很快裂解成小碎块，其黏聚力仅为 0.04 MPa，内摩擦角为 18°，在泥岩最底部有一层滑态泥状层，遇水后便泥化，为以往滑坡体的滑动面；下部砂砾岩，粒径大小不一，但磨圆度较高，泥质胶结，易风化成散砾。因此，新近系地层岩体稳定性较差，对边坡稳定性有一定影响。

（4）侏罗系沉积岩系上段——泥砂岩，其黏聚力为 0.15 MPa，内摩擦角为 31°，其岩层本身黏聚力和内摩擦角都较大，但因受地质构造影响，其节理比较发育，且优势节理走向与露天边坡走向接近平行，节理倾向与露天边坡临空方向接近一致，故而若受下部弱层和降水的影响，也存在相当大的滑坡可能性，该层存在 D、E 两组泥岩弱层，虽分布不连续，但也是滑坡的不利因素。中段——砂泥岩，其黏聚力为 0.17 MPa，内摩擦角为 31°，节理发育程度与上段相同或密度略大于上段。其间有 4 组软泥岩弱层（A 弱层、$A_4$ 弱层、B 弱层和 C 弱层），其中 A、$A_4$ 层全区分布，对上部岩体滑坡影响最大，顶帮第 30 次滑坡，其下部滑面为 A 弱层。

（5）辉绿岩床强度较高，黏聚力为 4.80 MPa，抗压强度为 24.99 MPa，且属于碎裂镶嵌结构，稳定性较好，对顶帮上部岩体有一定的承托作用。

### 3.4.2    地质构造影响

在本矿虽具有褶曲构造，但其属宽缓向斜，故对边坡稳定无明显影响，影响边坡稳定的地质构造是断层和节理。

#### 3.4.2.1    断层

$F_1$ 断层上部出露界限（推断）距顶帮水平距离为 200～300 m。虽然该断层为切穿顶帮边坡，对顶帮边坡稳定产生影响的不是 $F_1$ 断层自身，而是与断层伴生的节理。伴随断层两侧产生二组剪节理和二组张节理，其中剪节理具有延伸远的特点，而张节理延伸较近，只出现于断裂面附近。两组剪节理中的一组与主断层的产状相同，另一组与主断层呈锐角相交。根据苏联地质学家葛尔比耳通过对西伯利亚 100 多对矿井的调查结果，断层节理影响带的宽度等于断层铅直地层断距的 10～20 倍。而 $F_1$ 断层的铅直地层断距为 0～90 m，因此该断层影响带的宽度可达近 900 m，也就是说，在 $F_1$ 断层向顶帮方向垂直距离 900 m 范围内都会有这样两组剪节理出现，必然会破坏岩体的完整性。

$F_3$ 断层走向 N26°～40°E，倾向 SE，铅直地层断距大于 300 m，该断层位于露天矿西北边界，因此，$F_3$ 断层对西北帮的岩体稳定有很大威胁。

$F_{03}$ 和 $F_{02}$ 两条小断层，虽然走向与露天顶帮斜交，但是在破坏顶帮岩体完整性方面起着重要作用，同时岩体一旦滑动，这两条小断层和其他与之走向相近的小断层及节理都有可能构成某滑动的边界,形成楔体滑动。

### 3.4.2.2 节理

通过在侏罗系顶部至下部辉绿岩床顶部的地层中布设若干观测点,对平庄西露天矿顶帮边坡进行了断层节理调查,经统计分析后绘制成节理走向、倾向玫瑰图,如图3-6所示。

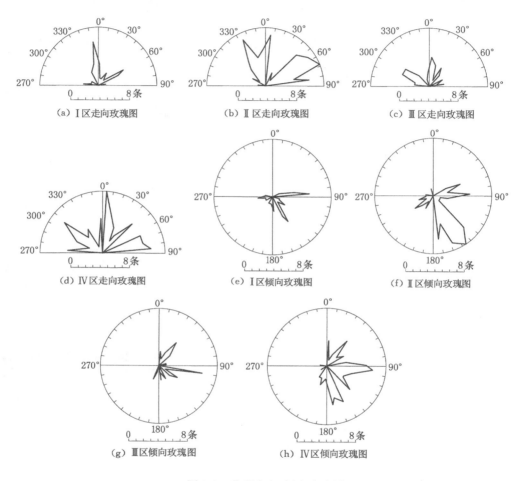

图 3-6 节理走向、倾向玫瑰图

从玫瑰图可以看出:在Ⅰ、Ⅱ、Ⅲ区都有一组优势节理与$F_1$断层走向接近一致,而另一组优势节理则与$F_1$断层走向斜交,说明与$F_1$断层运动伴生的两组剪节理还是比较发育的,且节理倾向多为E～SE,与顶帮临空方向一致,为此,该两组剪节理对顶帮岩体稳定性极为不利。在Ⅳ区,也有一组优势节理与$F_3$断层走向接近一致(N20°～30°E),另一组与$F_3$断层走向斜交(N80°～90°E),两组节理倾向都为SE,即顶帮边坡临空方向。由此说明$F_3$断层伴生的两组剪节理也是促使Ⅳ区顶帮岩体不稳定的重要因素。

### 3.4.3 地表裂缝影响

平庄西露天矿深部煤层通过五家矿四井得到开采,造成的采空区垮落塌陷已波及地表,在顶帮西侧山顶附近出现了地表裂缝。鉴于该矿煤层属于缓倾斜煤层,根据开采沉陷的一般规律,当弯曲变形带达到地表时,将在地表形成沉陷带,而此沉陷带的边界处(即移动与未移动岩层交界线)会产生张拉裂缝,张拉裂缝采空区一侧岩层内部岩体移动方向偏向采空区中间。深部开采所造成的沉陷对地表岩体移动的影响,主要是顶帮边坡西侧山体部位,即对山顶部的玄武岩层影响最大。

### 3.4.4 气象水文及水文地质影响

从平庄西露天矿的气象水文及水文地质特征来看,尽管大气降水不多,却是本矿补充水的主要来源,而本矿地下水包括第四系潜水含水层系统和承压水含水系统,还有新近系潜水含水系统与承压水含水系统。

露天矿开挖至今,使第四系、新近系乃至侏罗系地层暴露于地表,这些地层中的孔隙、节理裂隙都很发育,加之又有断层的切割,为大气降水的入渗提供了良好的条件,使每次降水的大部分甚至全部入渗到地下含水层和深部岩层裂隙中。由于降水入渗较深,因而其蒸发排泄就显得微弱,岩层中孔隙水会长期存在。当本区进入寒冷的冬季时,这些水将结冰,在冻融作用下,一方面会使岩体裂隙增大,破坏了岩体的完整性,降低其黏聚力;另一方面会使弱层软化或泥化而失去阻抗,最终导致滑坡形成。

## 3.5    滑坡模式统计分析

### 3.5.1 滑坡概况

平庄西露天矿自建矿以来,顶帮共发生滑坡 30 次,累计滑落量超过 400 万 m³,严重威胁矿山设备及工人人身安全,限制了矿山生产规模。经统计,将滑坡分布状况和历次滑坡发生的时间、范围、滑落体积列于表 3-3。

表 3-3    顶帮边坡历次滑坡记录

| 序号 | 滑坡时间 | 标高/m | 滑前坡角 /(°) | 滑后坡角 /(°) | 滑落体积/m³ | 备 注 |
|------|----------|--------|---------------|---------------|-------------|-------|
| 1 | 1959-04-14 | 593.61～609.74 | 45 | 17 | 24 772 | 表土滑坡,滑面为绿泥层 |
| 2 | 1959-05-17 | 596.45～611.96 | 30 | 17.5 | 18 000 | 表土滑坡,滑面为绿泥层 |
| 3 | 1959-07-10 | 596.38～617.84 | 75 | 18 | 9 500 | 表土滑坡,滑面为绿泥层 |
| 4 | 1959-09-11 | 612.84～627.63 | 48 | 21 | 5 400 | 表土滑坡,滑面为绿泥层 |
| 5 | 1960-02-01 | 562.04～573.40 | 69 | 22 | 5 000 | 表土滑坡,滑面为绿泥层 |
| 6 | 1960-02-02 | 617.72～640.25 | 60 | 20 | 20 000 | 表土滑坡,滑面为绿泥层 |

表 3-3（续）

| 序号 | 滑坡时间 | 标高/m | 滑前坡角/(°) | 滑后坡角/(°) | 滑落体积/m³ | 备　注 |
|---|---|---|---|---|---|---|
| 7 | 1960-02-02 | 578.26～590.56 | 70 | 19 | 3 000 | 表土滑坡,滑面为绿泥层 |
| 8 | 1960-06-02 | 555.82～583.40 | 26 | 17.5 | 12 000 | 表土滑坡,滑面为绿泥层 |
| 9 | 1960-09-02 | 597.00～638.15 | 13 | — | 33 000 | 表土滑坡,滑面为绿泥层 |
| 10 | 1961-01-05 | 569.88～594.00 | 44 | 16 | 2 100 | 表土滑坡,滑面为绿泥层 |
| 11 | 1961-02-23 | 551.17～573.30 | 35 | 14 | 13 000 | 表土滑坡,滑面为绿泥层 |
| 12 | 1961-04-05 | 548.22～561.76 | 31 | 23 | 7 200 | 表土滑坡,滑面为绿泥层 |
| 13 | 1961-04-09 | 589.10～610.60 | 51 | 28 | 3 400 | 新近系滑坡,基岩片帮 |
| 14 | 1961-04-25 | 578.38～561.91 | 37 | 10 | 9 000 | 新近系滑坡,沿裂隙滑落 |
| 15 | 1961-05-22 | 605.30～634.30 | 17 | 11 | 52 000 | 新近系滑坡,片帮 |
| 16 | 1962-05-25 | 546.88～561.25 | — | 18 | 9 600 | 表土滑坡,片帮 |
| 17 | 1962-06-22 | 593.40～609.20 | 63 | 29 | 4 800 | 表土滑坡,滑面为绿泥层 |
| 18 | 1962-07-26 | 549.00～562.00 | 14 | — | 40 000 | 表土滑坡,滑面为绿泥层 |
| 19 | 1962-10-11 | 586.30～634.18 | 26 | 16 | 50 000 | 新近系、侏罗系滑坡,切层 |
| 20 | 1964-06-26 | 597.35～607.25 | 45 | 18 | 7 100 | 新近系滑坡,片帮 |
| 21 | 1964-06-29 | 608.40～620.60 | 52 | 19 | 6 600 | 新近系滑坡,片帮 |
| 22 | 1964-11-22 | 608.20～632.07 | 30 | 19 | 35 600 | 新近系滑坡,切层 |
| 23 | 1975-08-14 | 518.62～555.37 | 14 | 12 | 395 000 | 表土滑坡,滑面为绿泥层 |
| 24 | 1975-12-12 | 584.00～616.00 | | 16 | 40 320 | 新近系滑坡,切层 |
| 25 | 1983-04-18 | 579.21～623.30 | 18 | 14 | 473 889 | 新近系滑坡,切层 |
| 26 | 1986-03-16 | 598.73～628.90 | 16 | 14 | 242 025 | 新近系滑坡,玄武岩底板 |
| 27 | 1987-12-03 | 596.00～632.00 | 17 | 13 | 387 165 | 新近系滑坡,切层 |
| 28 | 1989-04-13 | 572.18～670.00 | 15.5 | 17 | 2 400 000 | 新近系滑坡,切层 |
| 29 | 2007-09-15 | 452.00～584.00 | — | — | 300 000 | 侏罗系滑坡,以 A 弱层为底滑面的切层-顺层滑动 |

## 3.5.2　滑坡模式分析

统计分析历次滑坡资料,可总结归纳出顶帮边坡有 3 种基本滑坡模式。

（1）以风化绿泥层为滑动面的浅部表土滑坡

平庄西露天矿顶帮位于哈尔脑山东坡,沿山坡之第四系坡积层、洪积层下发育一层新近系风化绿色泥岩层（称为绿泥层）,含水,可塑性如泥,厚度为 0.02～3.0 m,力学强度较低,其随基岩面的起伏而顺山坡分布,与顶帮构成顺坡向结构,从而易形成顺层滑坡。顶帮第 1 次至第 12 次、第 16 次至第 18 次、第 23 次及第 26 次滑坡均为此类破坏,占顶帮滑坡总次数的比重较大。但经过数次滑坡,山顶玄武岩边坡现已滑塌成散体,边坡角不足 10°,基本处于稳定状态。

（2）新近系切层-顺层破坏类型

顶帮第 13 次至第 15 次、第 20 次至第 22 次、第 24 次、第 25 次至第 28 次滑坡均发生在新近系,滑坡模式为切层-顺层滑坡,滑体上部呈圆弧形剪切破坏,下部沿 G 组弱层顺层滑动。到目前为止,已有十余年未发生此类形式滑坡,说明该岩组边坡已趋于稳定。

（3）侏罗系切层-顺层破坏类型

侏罗系岩体中节理、裂隙发育,为节理岩体,于 2007 年 9 月 15 日在 II 区 0 线剖面附近发生楔体滑坡,其主滑线上部呈圆弧形,下部为 A 弱层。

## 3.6　本章小结

本章在现场调研基础上,系统分析了平庄西露天矿顶帮边坡的工程概况及地质条件,进行了边坡工程地质分区,探讨了地质因素对边坡稳定性的影响,总结分析了边坡存在的滑坡模式。主要结论如下:

（1）由于受到井工开采影响,平庄西露天矿顶帮边坡出现较大范围的塌陷区域及裂缝,边坡岩体的完整性遭到严重破坏,因此,地下开采是影响边坡稳定性的重要因素之一。

（2）在分析顶帮边坡的地层和岩性特征、岩体结构特征和水文地质特征的基础上,确定了岩土体物理力学指标;尽管平庄西露天矿顶帮边坡属于逆倾边坡,但第四系和新近系岩体强度低、结构松散,侏罗系上方岩体存在接近平行于边坡走向、倾向边坡临空方向的优势节理,且煤层顶板辉绿岩上方弱层发育,再加上区域性正断层的影响,导致边坡辉绿岩上部岩体稳定性较差。

（3）根据不同的工程地质特征和影响因素的差异,将平庄西露天矿顶帮边坡分为 4 个工程地质分区,并对其稳定性进行了初步评价,其中 II 区凸边坡由于同时受断层、弱层、井工开采、辉绿岩的综合影响,且边坡形状对稳定性极为不利,因此,边坡稳定性最差。

（4）结合顶帮边坡的工程地质特征及滑坡历史,确定边坡的潜在滑坡模式为以 A 弱层为底滑面的切层-顺层滑动,但是从历次的滑坡模式来看,未发现地下开采对露天矿边坡产生何种影响,必须进一步对其进行分析。

# 4  露井联采逆倾边坡岩移规律试验研究

如前所述,边坡失稳的实质是边坡岩体发生变形破坏的过程,不同开采方式时其变形破坏特征存在一定差异。本章以平庄西露天矿顶帮Ⅱ区0线工程地质剖面边坡为研究对象,采用相似材料模拟试验方法,研究了回采 1# 、2# 煤层不同阶段的覆岩变形、破坏及地表下沉特征,分析地下开采对露天矿边坡变形的影响。

## 4.1  基本原理

相似材料模拟是建立在相似理论基础上的一种科学方法,是人们认识矿山岩层移动和破坏规律的重要手段之一。采矿工程问题的相似材料模拟是指采用与天然岩石物理力学性质相似的人工材料,按矿山实际原型,遵循一定比例缩小做成模拟模型,然后在模型中进行开挖等工作,观测模型在此过程中岩层所发生的变形、破坏和位移,在此基础上分析、推测原型中所发生的情况。为了使模型中所发生的情况能如实反映原型中所发生情况,必须根据问题的性质,找出主要矛盾,确定原型与模型之间的相似关系和相似准则。

### 4.1.1  几何相似

要求模拟模型与原型的几何形状相似,为此必须以原型的尺寸按照一定的比例缩小或放大来制作模拟模型。

$$\begin{cases} \alpha_L = \dfrac{L_H}{L_M} = 常数 \\[2mm] \alpha_L^2 = \dfrac{A_H}{A_M} \\[2mm] \alpha_L^3 = \dfrac{V_H}{V_M} \end{cases} \qquad (4\text{-}1)$$

式中　$\alpha_L$ ——原型与模型长度比;

　　　$L_H$ ——原型广义长度;

　　　$L_M$ ——模型广义长度;

　　　$A_H$ ——原型面积;

　　　$A_M$ ——模型面积;

　　　$V_H$ ——原型体积;

　　　$V_M$ ——模型体积。

一般来说,模型尺寸越大,越能反映原型的实际情况,但是由于受到各方面条件限制,模型不能做得太大,通常 $\alpha_L = 20 \sim 500$。

## 4.1.2　运动相似

要求模型与原型所有各对应点的运动情况相似,即要求各对应点的速度、加速度、运动时间等都成一定比例。

$$\alpha_t = \frac{t_H}{t_M} = \sqrt{\alpha_L} = 常数 \tag{4-2}$$

式中　$\alpha_t$——时间比;

　　　$t_H$——原型运动所需时间;

　　　$t_M$——模型运动所需时间。

## 4.1.3　动力相似

要求模型与原型的所有作用力都相似,对于岩层移动问题,主要考虑重力作用,因此要求重力相似。

$$\begin{cases} P_H = \rho_H \cdot V_H \\ P_M = \rho_M \cdot V_M \\ \dfrac{P_H}{P_M} = \dfrac{\rho_H}{\rho_M} \cdot \alpha_L^3 \end{cases} \tag{4-3}$$

式中　$P_H$——原型作用力;

　　　$\rho_H$——原型天然视密度;

　　　$P_M$——模型作用力;

　　　$\rho_M$——模型视密度。

所以在几何相似条件下重力相似,还要求 $\rho_H$、$\rho_M$ 的比尺 $\alpha_\rho$ 为常数,即 $\alpha_\rho$ 为视密度比尺,即

$$\alpha_\rho = \frac{\rho_H}{\rho_M} \tag{4-4}$$

由上述 3 个比尺 $\alpha_L$、$\alpha_\rho$、$\alpha_t$,根据各对应量所组成的物理方程式,还可推得位移、应变和应力等其他比尺:

$$\begin{cases} \alpha_\sigma = \dfrac{\sigma_H}{\sigma_M} = \dfrac{C_H}{C_M} = \dfrac{E_H}{E_M} = \dfrac{\rho_H}{\rho_M} \cdot \alpha_L \\ \varphi_H = \varphi_M \\ \mu_H = \mu_M \end{cases} \tag{4-5}$$

式中　$\alpha_\sigma$——原型与模型应力比;

　　　$\sigma_H$——原型应力;

　　　$\sigma_M$——模型应力;

　　　$C_H$——原型黏聚力;

$C_M$——模型黏聚力;

$E_H$——原型弹性模量;

$E_M$——模型弹性模量;

$\varphi_H$——原型内摩擦角;

$\varphi_M$——模型内摩擦角;

$\mu_H$——原型泊松比;

$\mu_M$——模型泊松比。

## 4.2　试验方案

根据研究内容和解决问题的需要,在平庄西露天矿采掘平面图中 0 线工程地质剖面中取出一个研究单元,模拟原型长×宽×高=1 500 m×90 m×480 m,0 线工程地质剖面如图 4-1 所示,钻孔柱状如图 4-2 所示。

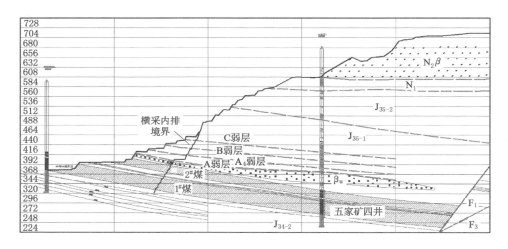

图 4-1　0 线工程地质剖面图

### 4.2.1　模型框架设计

相似材料是装在模型架上进行试验的,而模型架是根据研究的内容和要求设计的。本次试验采用的模型架为立式平面模型架,模型框架尺寸:长×宽×高=5 000 mm×300 mm×2000 mm。模型架的主体由槽钢和角钢组成,架两侧有孔,用以固定模板(厚度3 cm 的木板或金属板),模拟模型完全靠材料自重加载。

### 4.2.2　模型基本参数

(1)长度比

由于露天矿边坡稳定性模拟试验模拟岩层范围较大,故长度比采用 300,即

| 柱状图 | 岩层名称 | 厚度/m | 抗压强度/MPa | 抗拉强度/MPa | 岩石比重 |
|---|---|---|---|---|---|
| | 地表 | 5 | | | |
| | 玄武岩 | 70 | 66.9 | | 2.54 |
| | 泥岩 | 24 | 1.6~3.2 | 0.1~0.4 | 2.01~2.23 |
| | 砂岩 | 144 | 1.2~5.5 | 0.3~1.5 | 2.25 |
| | 泥岩 | 65 | 1.6~3.2 | 0.1~0.4 | 2.01~2.23 |
| | 辉绿岩 | 20 | 142.6 | | 2.67 |
| | 砂岩 | 17 | 1.2~5.5 | 0.3~1.5 | 2.25 |
| | 2#煤 | 18~20 | 8.2 | 0.3~0.9 | 1.28 |
| | 砂砾岩 | 5~15 | 1.3~1.9 | | 2.19~2.30 |
| | 1#煤 | 29~36 | 8.2 | 0.3~0.9 | 1.28 |
| | 砂岩 | | 1.2~5.5 | 0.3~5.5 | 2.25 |

图 4-2　钻孔岩层柱状图

$$\alpha_L = \frac{L_H}{L_M} = 300$$

（2）时间比

$$\alpha_t = \frac{t_H}{t_M} = \sqrt{\alpha_L} = 17.3$$

（3）应力比

$$\alpha_\sigma = \frac{\sigma_H}{\sigma_M} \cdot \frac{\rho_H}{\rho_M} \cdot \alpha_L = 360$$

① 岩石：

$$\alpha_\sigma = \frac{\sigma_H}{\sigma_M} = 537$$

② 煤：

$$\alpha_\sigma = \frac{\sigma_H}{\sigma_M} = 260$$

式中　$\rho_H$——原型天然视密度,岩石 $\rho_H$ 为 2.2 g/cm³,煤 $\rho_H$ 为 1.3 g/cm³;

　　　$\rho_M$——模型视密度,1.5 g/cm³。

根据相似准则计算模型相应的参数,相似模型同时满足原型的所有物理力学指标相似是很困难的,也是没有必要的。根据要解决的问题,应选取影响模型与原型的主要指标,故选用强度指标压应力和拉应力(间接考虑变形指标、弹性模量和泊松比)作为原型和模型相似的主要指标。各岩层换算指标见表 4-1。

表 4-1　岩层指标换算表

| 岩层名称 | 抗压强度/MPa | 抗拉强度/MPa | 模型抗压强度 /10⁻² MPa | 模型抗拉强度 /10⁻² MPa | 配比号 |
|---|---|---|---|---|---|
| 玄武岩 | 66.90 | | 12.5 | | 555 |
| 泥岩 | 1.6~3.2 | 0.1~0.4 | 0.3~0.6 | 0.02~0.07 | 773 |
| 砂岩 | 1.2~5.5 | 0.3~1.5 | 0.2~1.0 | 0.06~0.28 | 655 |

表 4-1(续)

| 岩层名称 | 抗压强度/MPa | 抗拉强度/MPa | 模型抗压强度<br>/$10^{-2}$ MPa | 模型抗拉强度<br>/$10^{-2}$ MPa | 配比号 |
|---|---|---|---|---|---|
| 辉绿岩 | 142.6 | | 26.6 | | 355 |
| 砂砾岩 | 1.3~1.9 | | 0.2~0.4 | | 773 |
| 煤 | 8.2 | 0.3~0.9 | 3.2 | 0.12~0.35 | 637 |

### 4.2.3 相似材料选择

相似材料包括骨料和胶结物：
① 骨料:砂子、铁粉、重晶石粉、铝粉、云母粉等；
② 胶结物:水泥、石灰、石膏、高岭土、石蜡等。
选择相似材料时应考虑以下原则：
① 能使相似材料的强度性能和变形性能与岩石相似；
② 力学性质稳定,不易受外界条件的影响；
③ 改变材料的配比,可使材料的力学性质变化较大；
④ 模型制作方便,凝固时间短；
⑤ 成本低,来源丰富。

所制作的模型选择石英砂作为骨料,石灰、石膏作为胶结物,根据各种材料不同的配比做成标准试件,并测出其抗压强度和抗拉强度,见表 4-2。在表 4-2 中找出与表 4-1 相接近的模型强度值,那么该值的材料配比即代表模型强度相对应的岩层。

表 4-2 砂子、石灰、石膏相似材料配比表

| 配比号 | 砂胶比 | 胶结构<br>石灰 | 石膏 | 水分 | 抗压强度<br>/$10^{-2}$ MPa | 抗拉强度<br>/$10^{-2}$ MPa | 视密度<br>/(g/cm³) | 备注 |
|---|---|---|---|---|---|---|---|---|
| 355 | 3:1 | 0.5 | 0.5 | 1/9 | 25.196 | 2.308 | 1.5 | |
| 537 | | 0.3 | 0.7 | 1/9 | 17.712 | 2.864 | 1.5 | |
| 555 | 5:1 | 0.5 | 0.5 | 1/9 | 13.653 | 1.961 | 1.5 | |
| 573 | | 0.7 | 0.3 | 1/9 | 6.897 | 0.972 | 1.5 | |
| 637 | | 0.3 | 0.7 | 1/9 | 3.165 | 0.417 | 1.5 | |
| 655 | 6:1 | 0.5 | 0.5 | 1/9 | 0.902 | 0.086 | 1.5 | 采用石英砂 |
| 673 | | 0.7 | 0.3 | 1/9 | 0.763 | 0.064 | 1.5 | |
| 737 | | 0.3 | 0.7 | 1/9 | 0.837 | 0.079 | 1.5 | |
| 755 | 7:1 | 0.5 | 0.5 | 1/9 | 0.685 | 0.058 | 1.5 | |
| 773 | | 0.7 | 0.3 | 1/9 | 0.592 | 0.037 | 1.5 | |

## 4.2.4 模型制作

目前相似材料模型成型方式有两种——砌块模型和捣固模型。本试验采用捣固模型,因为捣固模型具有完整性好、相似材料强度易于保持、位移和应力测量方便等优点。

（1）将模型最底部的两侧槽钢模板安装到位,并上紧固定螺丝。

（2）按岩层柱状把计算好的各分层材料的质量称准,按配比在地面平铺的铁板上混合均匀,加水后搅拌均匀,并迅速上模。然后,将上模的相似材料用刮刀刮平,随后捣实。以此类推,随分层材料的加高相应的补加模板的高度,分层间铺垫云母粉以模拟各岩层的界面。

（3）待相似材料稍干后,拆模进行测点的布设。

试验在辽宁工程技术大学采矿工程实验室进行,拆模后的相似材料模拟实验模型如图 4-3 所示。

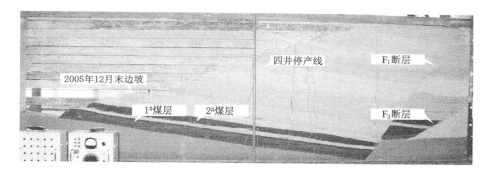

图 4-3 平庄西露天矿 0 线工程地质剖面相似材料模型

## 4.2.5 测点布置

为了掌握五家矿四井煤层开采后上覆岩层的移动规律,在＋668 m、＋608 m、＋548 m 和＋488 m 水平共布置了 27 个位移测点。测点纵向布置是以五家矿四井停采线为基准线,停采线左侧布置 3 条纵向测线,右侧布置 5 条纵向测线,纵向测线间距为 90 m,测点具体布置如图 4-4 所示。

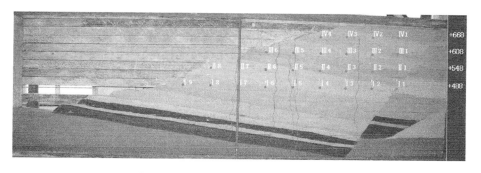

图 4-4 相似材料模型位移测点布置图

# 4.3 试验结果与分析

根据平庄西露天矿和五家矿四井实际开采情况,整个试验过程分为三个阶段:

第一阶段:五家矿四井回采 2# 煤层。在露天矿和五家矿四井 2# 煤层分界线处拉开切眼,沿煤层倾向向 $F_1$ 断层方向回采 2# 煤层,观测 2# 煤层回采过程中上采空区上方岩层移动规律。

第二阶段:五家矿四井回采 1# 煤层(分 2 层开采)。在露天矿和五家矿四井 1# 煤层分界线处拉 1# 煤层上分层开切眼,沿煤层倾向向 $F_1$ 断层方向回采 1# 煤层上分层,观测 1# 煤层上分层回采过程中采空区上方岩层移动规律。

第三阶段:平庄西露天矿剥离与开采。分别按露天开采至 2006 年、2007 年、2008 年和最终境界各个时期工程位置逐步开挖,观测露天矿剥离与开采过程中的顶帮岩移情况。

## 4.3.1 回采过程中上覆岩层的变形破坏特征

(1) 第一阶段

2# 煤层由五家矿四井煤层停采线位置拉开切眼,沿煤层倾向推进距离 68 m 时,煤层直接顶砂岩开始出现初次离层、垮落,如图 4-5 所示。当 2# 煤层回采推进距离为 104 m 时,煤层顶板出现第 2 次离层、垮落,此次垮落首先使砂岩上方辉绿岩出现离层,在煤层直接顶跨度为 36 m 的砂岩垮落后,上方辉绿岩出现垮落,如图 4-6 所示。

图 4-5 2# 煤层推进 68 m 时的顶板岩移图

当 2# 煤层回采推进距离为 146 m 时,煤层顶板出现第 3 次离层、垮落,此次垮落是累积前面周期性垮落,引发基本顶向上扩展离层,使煤层基本顶发生一次大规模的岩层垮落,如图 4-7 所示。

当 2# 煤层回采推进距离为 214 m 时,煤层直接顶板出现第 4 次离层、垮落,首先在工作面后方煤层直接顶跨度为 36 m 的砂岩出现离层、垮落,随后垮落处与工作面间的直接

图 4-6 2#煤层推进 104 m 时的顶板岩移图

图 4-7 2#煤层推进 146 m 时的顶板岩移图

顶出现跨度为 32 m 的砂岩离层、垮落,如图 4-8 所示。

图 4-8 2#煤层推进 214 m 时的顶板岩移图

当 2#煤层回采推进距离为 242 m 时,煤层顶板出现第 5 次离层、垮落,此次垮落是煤层直接顶和部分基本顶同时出现大范围垮落,如图 4-9 所示。

图 4-9　2#煤层推进 242 m 时的顶板岩移图

当 2# 煤层回采推进距离为 284 m 时,煤层顶板出现第 6 次离层、垮落,此次垮落是煤层直接顶和基本顶同时出现大范围垮落,如图 4-10 所示。

图 4-10　2#煤层推进 284 m 时的顶板岩移图

（2）第二阶段

在 1# 煤层上分层回采过程中,工作面每推进 10～14 m,1# 煤层上分层顶板砂岩出现周期性垮落。1# 煤层上分层回采推进到 225 m 时,覆岩层移动至地表,地面出现沉陷坑。Ⅰ4 和Ⅰ5 测点下沉 24 m,Ⅱ4 测点下沉 20 m,Ⅲ4 测点下沉 18 m,Ⅳ4 测点下沉 16 m。$F_1$ 断层与煤层下盘岩层垮落线之间形成倒三角形岩体,该三角形岩体出现明显下滑,由此造成沉陷坑下方部分岩层受到挤压而破坏（图 4-11）。

1# 煤层下分层未回采的主要原因是怕模型出现塌垮破坏,因为 1# 煤层上分层开采后已反映了井工矿煤层开采后上覆岩层移动变化趋势和规律。1# 煤层下分层回采后,岩层垮落角不会发生变化,仅能使两条岩层垮落线之内岩层向下产生的位移量变大,使地表沉陷坑深度增大。

（3）第三阶段

露天矿 2006 年、2007 年、2008 年剥离与开采及横采内排各个时期岩移情况分别如图 4-12 至图 4-15 所示。在 2006—2008 年剥离与开采各个时期,煤层上山方向充分采动垮落线左侧＋584 m 标高以上岩体产生向露天采空区方向的一定量位移。

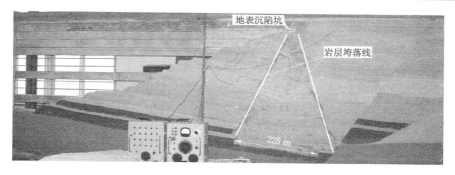

图 4-11　1# 煤层上分层推进 225 m 时的顶板岩移图

图 4-12　露天矿 2006 年剥离与开采顶帮岩移图

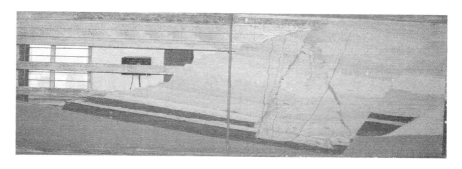

图 4-13　露天矿 2007 年剥离与开采顶帮岩移图

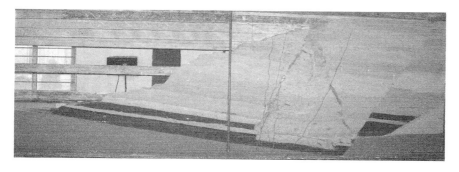

图 4-14　露天矿 2008 年剥离与开采顶帮岩移图

图 4-15    露天回采至最终开采界线时的顶帮岩移图

## 4.3.2    煤层开采后覆岩及地表的移动特征

五家矿四井 1#、2# 煤层开采后,采空区上方岩层达到充分采动,测得上山方向岩层充分采动角为 76°,下山方向岩层充分采动角为 62°。0 线工程剖面煤层的倾角 $\alpha = 7°$,根据《三下开采规程》中按覆岩性质预计地表移动参数,获得上山方向边界角为 60°,下山方向边界角为 55°。煤层开采后覆岩移动情况及地表影响范围如图 4-16 所示。此外,由各位移测点的观测结果可以看出:位于不同标高的各个测点的位移也有一定规律性,越接近采空区,下沉越明显。

图 4-16    煤层开采后覆岩及地表移动特征

## 4.3.3    地下开采对露天矿顶帮边坡变形的影响分析

由模拟试验结果可知:当 1# 煤层上分层开采 225 m 时,覆岩垮落至地表,地面形成沉陷坑,经过一段时间后,位移测点 Ⅰ₁、Ⅰ₂、Ⅰ₃、Ⅱ₁、Ⅱ₂、Ⅱ₃、Ⅲ₁、Ⅲ₂、Ⅲ₃、Ⅳ₁、Ⅳ₂、Ⅳ₃ 向左下方移动,即煤层下山方向岩层充分采动垮落线与 F₁ 断层线之间倒三角岩体沿断层面出现下滑,使得沉陷坑下方岩层出现明显挤压破坏。同时 +584 m 标高以上的 Ⅲ₅、Ⅲ₆ 测点产生向露天采空区一侧的明显位移,说明煤层上方岩层达到充分采动后,由于倒三角岩体沿 F₁ 断层面下滑,对顶帮边坡产生一定的挤压,必然会对边坡岩体的稳定性产生一定影响,如图 4-17 所示。

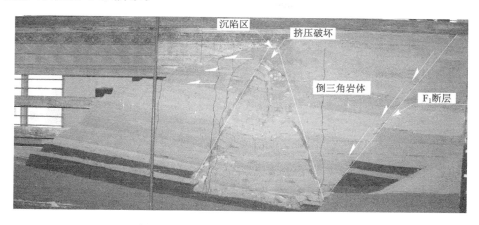

图 4-17 倒三角岩体沿 $F_1$ 断层面滑动

## 4.4 本章小结

本章以平庄西露天矿 0 线剖面边坡为工程背景,建立了相似材料模拟模型,模拟研究了露井联采不同阶段井采空间上覆岩层的变形破坏特征和地表下沉特征,分析了地下开采对露天矿边坡变形的影响。主要结论如下:

(1)地下回采 $2^{\#}$ 煤层过程中,煤层顶板初次垮落步距为 68 m,直接顶周期来压步距为 32~36 m,基本顶周期来压步距为 78~96 m,来压步距较大的主要原因是顶板砂岩上方赋存一层坚硬的辉绿岩;$1^{\#}$ 煤层上分层回采过程中,工作面每推进 10~14 m 时顶板出现周期性垮落,当工作面推进 225 m 时,覆岩移至地表,地面出现沉陷坑。

(2)煤层上、下山方向的充分采动角分别为 76°和 62°,按煤层赋存条件计算上、下山方向的边界角分别为 60°和 55°,据此确定了五家矿四井开采造成的塌陷范围及压缩变形区和拉伸变形区。

(3)煤层开采覆岩充分采动后,下山方向岩层垮落线与 $F_1$ 断层面之间所形成的倒三角岩体沿断层面下滑,形成水平推力,使得地表沉陷坑下方部分岩体受到挤压破坏,同时造成+584 m 标高以上岩体产生向露天采空区一侧的明显位移,即该标高以上边坡岩体的稳定性受到了一定程度影响。

# 5 基于极限平衡法和数值模拟的边坡稳定性分析

目前关于单一露天开采边坡的变形破坏及稳定性方面的研究很多,基本形成了较为成熟的理论与方法,但是对于露井联采条件下边坡变形破坏规律,尤其是露井联采边坡稳定性的研究较少。本章以平庄西露天矿Ⅱ区边坡为研究对象,应用经典的极限平衡分析法和 RFPA 强度折减法(简称 RFPA-SRM)对比分析单一露天开采和露井联采条件下逆倾边坡的稳定性,研究两种条件下边坡岩体的变形破坏、位移分布及应力分布特征的差异,分析地下开采对露天矿边坡产生的影响。

## 5.1 极限平衡分析

极限平衡理论是最经典的边坡稳定性分析方法,该方法将有滑动趋势范围内的边坡岩体按某种规则划分为小条块,通过块体的平衡条件建立整个边坡的平衡方程,以此为基础进行边坡分析。由于该方法具有模型简单、计算公式简捷、可以解决各种复杂剖面形状、能考虑各种加载形式的优点,因此得到了广泛应用。在工程实践中,主要是根据边坡破坏滑动面的形态来选择极限平衡法,如平面破坏可选择平面破坏计算法;圆弧滑面破坏可选择费伦纽斯(Fellenius)法和毕晓普(Bishop)法;组合滑面破坏可采用简布(Janbu)法、摩根斯顿-普赖斯(Morgenstern-Price)法、斯潘塞(Spencer)法;曲折滑面可采用剩余推力法、Janbu 法进行计算;对于楔体滑动则可以采用楔形体法来计算。鉴于平庄西露天矿顶帮边坡主要滑坡模式为组合滑面滑动,且岩体中节理裂隙发育,因此本书分别应用二维分析法(Bishop 法和剩余推力法相结合)和三维楔形体分析法(Janbu 法)对顶帮边坡稳定性进行计算。

### 5.1.1 平面应变问题的二维极限平衡分析

本书基于简化毕晓普法和剩余推力法,以 AutoCAD 软件为开发平台,应用 VBA 语言进行编程,采用"人机交互式"计算机辅助设计技术,开发了二维边坡稳定性分析系统,可方便地搜索出边坡的最危险滑面,并计算出相应的稳定性系数。0 线工程地质剖面边坡计算结果如图 5-1 所示。

由图 5-1 可知:0 线剖面边坡潜在滑坡模式为切层-顺层滑坡,即上部岩层发生剪切破坏和下部沿弱层挤出,当不同弱层作为滑坡底面时稳定性系数有所差异,其中最危险弱层为 A 弱层,稳定性系数为 1.033。

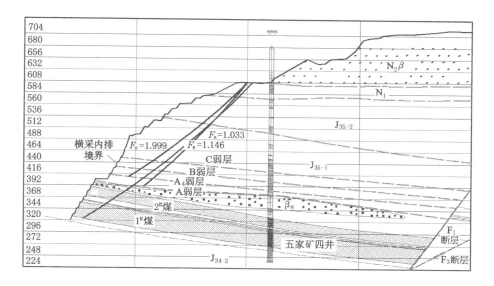

图 5-1　0 线工程地质剖面潜在滑面及稳定性系数

## 5.1.2　楔体滑动问题的三维极限平衡分析

目前国内外有很多关于边坡稳定的三维极限平衡方法,这些方法大多数是二维领域某一方法的三维扩展,各有其优缺点及适用范围。本次应用的 SLPOE[3D] 系统是专门针对岩土工程中的边坡稳定性问题而设计的,可用于三维边坡的极限平衡分析。该系统将三维地层信息系统的研究与极限平衡分析法有机结合起来,不仅拓宽了三维地层信息系统的专业分析功能,还丰富了极限平衡分析法的表现形式,两者的统一体现了岩土工程信息化设计与施工的目的。

（1）安全系数的定义

将强度指标的储备作为安全系数定义的方法是经过多年的实践被工程界广泛承认的一种做法。因此,与传统的边坡稳定性分析方法一样,SLPOE[3D] 系统引入安全系数 $F$ 的定义。如果滑面上的抗剪强度指标 $\tan \varphi$ 和 $C$ 按式(5-1)折减,滑面上各处达到极限平衡。

$$\tau = C_{\mathrm{e}}' + \sigma_{\mathrm{n}}' \cdot \tan \varphi_{\mathrm{e}}' \tag{5-1}$$

式中,$C_{\mathrm{e}}' = C'/F$;$\tan \varphi_{\mathrm{e}}' = \tan \varphi_{\mathrm{e}}/F$。

（2）分析方法

SLOPE[3D] 采用的三维刚体极限平衡分析方法是三维简布法。该方法满足每个条柱 3 个正交坐标轴方向上的静力平衡,同时满足整体绕平行于坡面纵轴的转轴的力矩平衡。从分析作用于滑裂面上的力的静力平衡入手,在分析作用在条柱上作用力的力和力矩平衡条件时(任一条柱的受力分析如图 5-2 所示),引入如下假设:

① 作用在行界面(平行于 $yOz$ 平面的界面,图 5-2 中的 $ABFE$ 和 $DCGH$)的条间力 $G$ 平行于 $xOy$ 平面,其与 $x$ 轴的夹角 $\beta$ 为常量,这一假定相当于二维领域中的

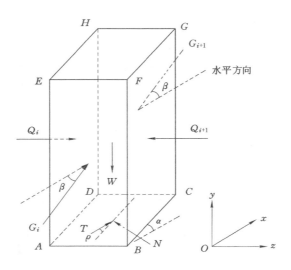

图 5-2 作用在具有垂直界面的条柱上的力

Spencer 法。

② 作用在列界面（平行于 $xOy$ 平面的界面，图 5-2 中的 $ADHE$ 和 $BCGF$）的作用力 $Q$ 为水平方向，与 $z$ 轴平行。

③ 作用在底滑面上的剪切力 $T$ 与 $xOy$ 平面的夹角为 $\rho$。规定剪切力的 $z$ 轴分量为正时 $\rho$ 为正值。另外假定同一列条柱（$z$ 相等）的 $\rho$ 值相同，对于不同 $z$ 轴坐标的条柱，假定剪应力的分布形态：

a. $\rho = k = $ 常数；

b. 在 $xOy$ 平面的左、右两侧假定 $\rho$ 的方向相反，并线性分布，假定此分布形状为：

$$\begin{cases} \rho_R = K_z & (z \geqslant 0) \\ \rho_L = -\eta K_z & (z < 0) \end{cases} \tag{5-2}$$

假定 $b$ 中的 $\eta$ 反映左、右两侧 $\rho$ 的变化的不对称特性，当滑体的几何形状和物理指标完全对称时，相应假定 $a$ 中的 $k$ 应为 0，假定 $b$ 中的 $\eta$ 应为 1。经过一系列算例的考核证明，不同的分布形状假定并不会导致安全系数的重大差别。

在上述假定的基础上，建立力和力矩平衡方程并求解，解题步骤如下：

① 分析作用在某一条柱上的力，求解底滑面的法向力 $N$；

② 建立整个滑坡体的静力平衡方程式和绕 $z$ 轴的力矩平衡方程；

③ 应用牛顿-辛普森（Newton-Simpson）法迭代求解安全系数；

④ 合理性条件限制。

该方法适合于以下几种类型滑面的边坡稳定性计算：

① 已知滑面，即天然不连续面；

② 由剪切作用形成的球面；

③ 由剪切作用形成的旋转椭球面；

④ 组合滑面，即由上述剪切作用形成的滑面（球面或旋转椭球面）与已知天然不连

续面共同构成的滑面。

　　岩土工程师可结合工程经验方便地确定可能的滑面和滑体范围,对工程中可能的多个滑动方向进行计算,同时可考虑地下水和地震等因素的影响。

　　(3)系统分析框架

　　三维边坡稳定性分析系统 SLOPE³ᴰ 是基于 Windows 平台,采用面向对象的设计方法,用 Visual C++语言结合 OpenGL 技术实现的。系统为多文档、多视图结构,其分析框架结构如图 5-3 所示。视图由二维平面显示视图和三维 OpenGL 视图构成,前者负责平面等高线、滑体范围、网格划分的显示,后者负责对坡体、滑体的三维显示以及水位面、剖面等的显示。

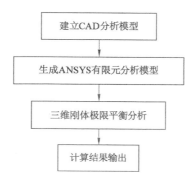

图 5-3　三维边坡稳定性分析框架

　　(4)稳定性计算结果

　　根据平庄西露天矿工程地质条件建立了Ⅱ区凸边坡的计算模型,模型长×宽×高＝320 m×300 m×200 m,应用 SLOPE³ᴰ 进行稳定性分析,边坡发生了楔体滑动,同时得到稳定性系数为 1.087。Ⅱ区滑落区计算模型及滑体模型如图 5-4 和图 5-5 所示。

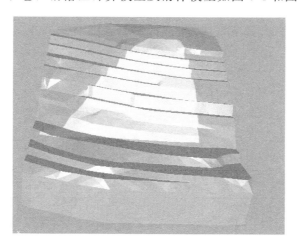

图 5-4　Ⅱ区凸边坡计算模型

(a) 正视图  (b) 侧视图

图 5-5　Ⅱ区边坡滑体模型

# 5.2　RFPA-SRM 数值模拟

随着计算机技术和数值计算方法的不断发展,数值模拟作为一种较成熟的技术越来越广泛地应用于岩土工程中。尽管经典的极限平衡法是应用最广泛、发展最成熟的边坡稳定性计算方法,但其未能考虑地下开采对边坡稳定性的影响,忽略了一个主要因素。因此,本书采用数值模拟软件 RFPA,基于强度折减理论(简称 RFPA-SRM)分别对单一露天开采和露井联采条件下的边坡失稳过程进行数值模拟,分析不同条件下边坡岩体的变形破坏、位移分布及应力分布特征,以阐明井工开采对露天矿边坡的影响。

## 5.2.1　RFPA-SRM 简介

岩石破裂全过程分析系统 RFPA 由东北大学岩石破裂与失稳研究中心开发,该系统基于有限元理论和全新的材料破裂过程算法思想,通过考虑材料的非均匀性来模拟材料的非线性,通过单元的弱化来模拟材料变形、破坏的非连续行为,能够模拟岩土结构的破坏过程,该系统基于对岩石细观层次结构的认识,假定岩石的细观力学参数具有统计性。首先把岩石离散成适当尺度的细观基元,对于这些组成材料的细观基元,考虑其非均匀性,假定其服从给定的 Weibull 统计分布函数。然后对这些单元的力学性质进行赋值,生成非均匀岩土结构的数值模型。这些细观基元可借助有限元法作为应力分析工具来计算其受载条件下的位移和应力。在此基础上,通过基元破坏分析,考察基元是否破坏,从而获得基元材料性质的新状态。

RFPA-SRM 将强度折减的基本思想引入 RFPA 的细观本构模型,建立 RFPA-SRM 岩土工程稳定性分析强度折减分析方法,以研究边坡破裂过程和确定边坡安全系数的过程[117]。

(1)强度准则

以往的强度折减方法在模型中主要考虑剪切破坏准则,而很少考虑拉伸破坏的影响。但是在实际问题中,特别是岩石的破坏问题,拉伸破坏有时是诱发边坡失稳的重要因素,必须在模型中加以考虑。因此,RFPA-SRM 的细观本构模型在引入剪切强度准则的同时,还引入拉伸破坏准则,运用剪切和拉伸两种准则实现对岩土细观破坏的判断,进而得到岩土结构稳定性分析的结果。RFPA-SRM 主要引入同时考虑拉伸、剪切两种破坏准则的莫尔-库仑准则作为细观基元破坏的准则。在细观基元受力的初始阶段,认为细观基元是弹性的,其变形性质可完全由其弹性模量和泊松比来表达。随着基元应力的增大,抗拉强度和抗剪强度作为基元破坏的阈值。首先,考察拉伸破坏,如果细观基元的最大拉伸应力达到给定的拉伸应力阈值时,该基元发生拉伸破坏。其次,在没有发生拉伸破坏的情况下,再考察剪切破坏。如果细观基元的应力状态满足莫尔-库仑准则,该基元发生剪切破坏。破坏后的基元根据设定的残余强度系数可继续承受一定的荷载。破坏基元的本构关系用具有残余强度的弹-脆性本构关系来表达。在理想单轴受力状态下符合剪切破坏与拉伸破坏本构关系,基元单轴应力状态下的弹-脆性本构关系如图 5-6 所示。

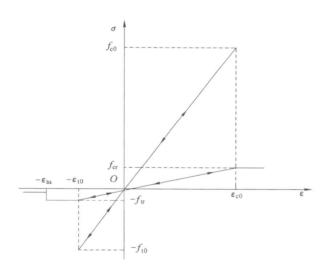

图 5-6 基元单轴应力状态下的弹-脆性本构关系

在图 5-6 中,$f_{c0}$ 为细观基元的单轴抗压强度,$\varepsilon_{c0}$ 为基元的最大压缩主应力达到其单轴抗压强度时对应的最大压缩主应变;$f_{cr}$ 为基元残余抗压强度,定义 $\lambda$ 为基元的残余强度系数,$f_{cr} = \lambda f_{c0}$,且假定 $f_{tr} = \lambda f_{t0}$ 也成立,这里 $f_{t0}$ 为细观基元的单轴抗拉强度;$f_{tr}$ 为基元初始拉伸破坏时的残余强度;$\varepsilon_{t0}$ 为弹性极限所对应的拉伸应变,该应变可称为拉伸破坏应变阈值;$\varepsilon_{tu}$ 为基元的极限拉伸应变,定义 $\eta$ 为极限应变系数,具体表征为 $\varepsilon_{tu} = \eta \varepsilon_{t0}$。这里残余强度系数 $\lambda$ 和极限应变系数 $\eta$ 都是用于细观基元本构关系中的重要参数。当残余强度系数 $\lambda$ 较大时,图 5-6 所示本构关系也称为弹-脆-塑性本构关系。

（2）岩土结构失稳判据

由于大部分滑坡都是一个边坡渐进破坏导致失稳的演化过程,而不是一个毫无前兆的突然失稳过程。因此稳定性分析的一个关键问题是如何根据计算结果来判别边坡是否处于失稳状态。目前边坡分析软件的失稳判据主要有 2 类：在有限元计算过程中采用力和位移求解的不收敛作为边坡失稳标志；以塑性应变从坡脚到坡顶贯通作为边坡失稳的标志。

通常边坡的失稳会伴随着大位移的出现，而在有限元计算中，大位移的出现是由局部大变形造成的，这种大变形必然造成基元的破坏。RFPA-SRM 采用折减计算步中出现基元破坏数最大时刻作为边坡失稳的临界点。这种方法，在本质上与上述 2 类方法是一致的。由于 RFPA-SRM 在进行计算分析时，自动记录每一折减步中的基元破坏个数，用这种方法来判断边坡失稳，是简单且有效的。

（3）安全系数的定义

安全系数 $F_s$ 也称为稳定系数，是边坡稳定性研究中的一个重要概念。传统边坡稳定性的极限分析中安全系数定义为滑动面的抗滑力与下滑力之比。基于强度储备概念的安全系数 $F_s$ 的定义为：当材料的抗剪强度参数 $c$ 和 $\varphi$ 分别用其临界强度参数 $c'$ 和 $\varphi'$ 代替后，边坡将处于临界平衡状态，其中：

$$\begin{cases} c' = \dfrac{c}{F_s} \\ \tan\varphi' = \dfrac{\tan\varphi}{F_s} \end{cases} \tag{5-3}$$

在用有限元计算寻找 $F_s$ 时，就是不断对强度参数按一定步长或比例进行折减，当计算达到平衡状态，即边坡失稳破坏时刻，此时求得的 $F_s$ 即边坡的强度储备安全系数。基于上述强度储备的概念，同时结合 RFPA 的基元本构模型特征，RFPA-SRM 的强度折减方法采用对初始强度 $f_0$ 折减。$f_0$ 为统一基元的抗压（抗剪）、抗拉强度，其折减准则为：

$$f_0^{\text{trial}} = \dfrac{f_0}{f_s^{\text{trial}}} \tag{5-4}$$

式中　$f_0^{\text{trial}}$——试验强度；

　　　$f_s^{\text{trial}}$——试验安全系数。

在计算过程中，对强度按一定步长进行折减，则每折减一次，当前的试验强度 $f_0^{\text{trial}}$ 就对应一个试验安全系数 $f_s^{\text{trial}}$，当基元的破坏数目达到最大值，即边坡失稳的时候，此时的试验安全系数 $f_s^{\text{trial}}$ 即最终的安全系数 $F_s$。

$$F_s = \dfrac{1}{1-(k-1)\Delta} \tag{5-5}$$

式中　$k$——滑坡时计算步数；

　　　$\Delta$——强度折减系数。

## 5.2.2　单一露天开采边坡稳定性分析

仍以 0 线剖面边坡为原型建立如图 5-7 所示单一露天开采条件下边坡数值模拟模型（亮度越大表示弹性模量越大）。其边界条件为：模型的两侧和底部为位移约束，即位移为 0；加载方式为自重加载。

通过数值模拟，再现了单一露天开采条件下边坡失稳的动态过程。经过 6 步计算，

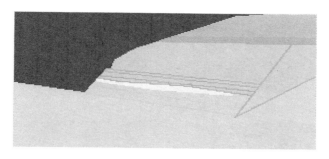

图 5-7　单一露天开采边坡模拟模型

即岩体抗剪强度指标折减 5 步时,边坡失稳。按照 RFPA-SRM 对边坡稳定性系数的定义得出稳定性系数:

$$F_s = \frac{1}{1-(k-1)\Delta} = \frac{1}{1-5\times0.01} = 1.053$$

图 5-8 至图 5-11 分别为单一露天开采时顶帮边坡岩体的位移等值线图(亮度越大表示位移越大)、位移矢量图、应变带云图(亮度越大表示应变越大)和声发射图,共同描述了边坡失稳过程中的岩体变形、破坏及位移规律。

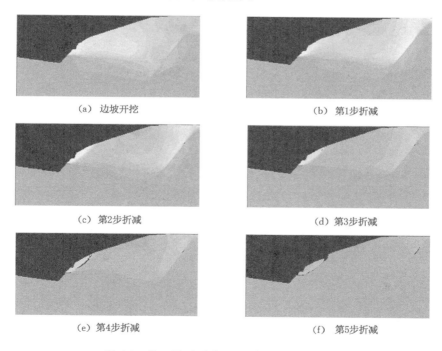

(a)　边坡开挖　　　　　　　　　　　　(b)　第1步折减

(c)　第2步折减　　　　　　　　　　　(d)　第3步折减

(e)　第4步折减　　　　　　　　　　　(f)　第5步折减

图 5-8　单一露天开采边坡岩体位移等值线图

从边坡岩体的位移等值线图、位移矢量图和应变带云图可以看出:滑坡的发生并不是一蹴而就的,而是一个复杂的过程,经历了裂隙的产生阶段、扩展阶段和贯通阶段而形成滑动面,位移逐渐增大,直至发生滑坡;声发射图表明:边坡岩体破坏形式为上部岩体发生拉张破坏,下部岩体发生剪切破坏;潜在滑面为以 A 弱层为底界面的组合滑面。

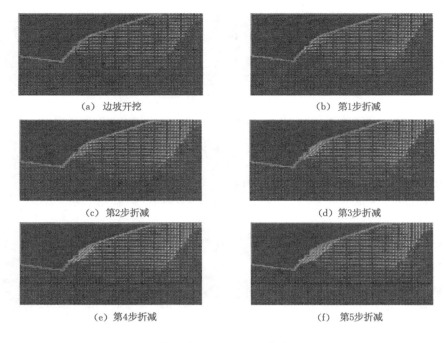

（a）边坡开挖          （b）第1步折减

（c）第2步折减          （d）第3步折减

（e）第4步折减          （f）第5步折减

图 5-9　单一露天开采边坡岩体位移矢量图

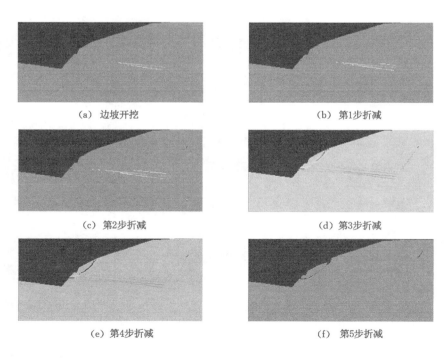

（a）边坡开挖          （b）第1步折减

（c）第2步折减          （d）第3步折减

（e）第4步折减          （f）第5步折减

图 5-10　单一露天开采边坡岩体应变带云图

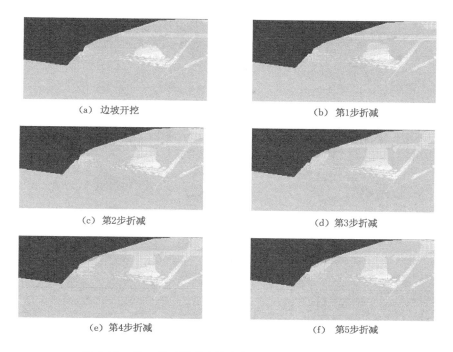

(a) 边坡开挖　　　　　　　　　　　　　　(b) 第1步折减

(c) 第2步折减　　　　　　　　　　　　　　(d) 第3步折减

(e) 第4步折减　　　　　　　　　　　　　　(f) 第5步折减

图 5-11　单一露天开采边坡岩体破坏过程的声发射特征

## 5.2.3　露井联采边坡稳定性分析

　　地下开挖对露天边坡稳定性产生的影响主要受矿井停采线控制,且每计算一步,岩体强度折减 1 次。因此,为避免模型大范围垮塌而停止计算,一次开挖形成跨度 100 m 的采空区。建立的计算模型如图 5-12 所示,其边界条件同单一露天开采。

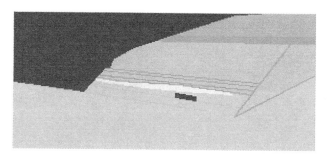

图 5-12　露井联采边坡模拟模型

　　经过 4 步计算,即岩体抗剪强度指标折减 3 步时,边坡失稳,则稳定性系数为:

$$F_s = \frac{1}{1-(k-1)\Delta} = \frac{1}{1-3\times0.01} = 1.031$$

　　图 5-13 至图 5-16 分别为露井联采时边坡岩体的位移等值线图、位移矢量图、应变带云图和声发射图。

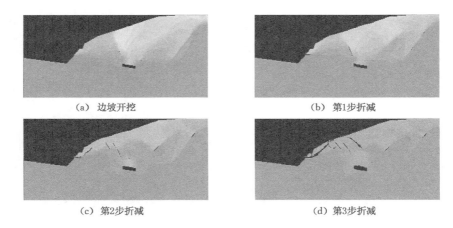

(a) 边坡开挖      (b) 第1步折减

(c) 第2步折减      (d) 第3步折减

图 5-13 露井联采边坡岩体位移等值线图

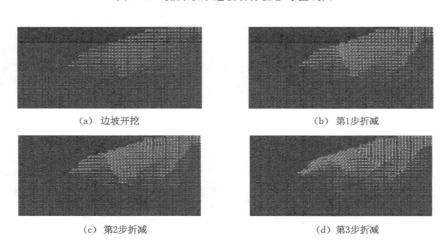

(a) 边坡开挖      (b) 第1步折减

(c) 第2步折减      (d) 第3步折减

图 5-14 露井联采边坡岩体位移矢量图

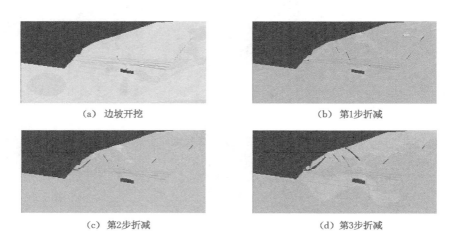

(a) 边坡开挖      (b) 第1步折减

(c) 第2步折减      (d) 第3步折减

图 5-15 露井联采边坡岩体应变带云图

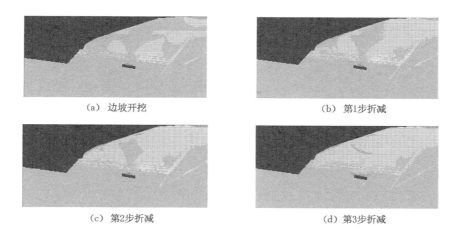

|  |  |
|---|---|
| （a）边坡开挖 | （b）第1步折减 |
| （c）第2步折减 | （d）第3步折减 |

图 5-16 露井联采边坡岩体破坏过程的声发射图

从边坡岩体的位移等值线图、位移矢量图和应变带云图可以看出：相对于单一露天开采,露井联采条件下边坡的破坏模式不同,单一露天开采时边坡发生滑移型破坏,而露井联采条件下边坡同时发生了滑移型破坏和塌陷型破坏,即复合型破坏,但破坏过程中同样经历了裂隙的产生、扩展和贯通阶段,位移逐渐增大,只是地下采空区上方岩体以下沉为主;同时,一侧岩体向露天采空区方向移动,说明边坡岩体由于受到露天和井工两种采动效应影响,在一定范围内位移叠加;声发射图描述了边坡失稳过程中岩体破坏范围的动态特征,地下开采首先造成采空区两侧支承压力区范围内的岩体破坏,随后向上发展至地表,而且在边坡滑移前,潜在滑面上部小范围岩体已经遭到一定程度的破坏,因此,加剧了滑坡的发展,这是造成边坡稳定性相对下降的直接原因。

## 5.3 地下开采对露天矿边坡稳定性影响分析

岩体开挖时发生变形,是由于受采动影响而使得原岩体内的应力发生改变,若应力值未超过岩体的强度,则岩体仅发生变形,如果超出其强度,则岩体破坏。根据数值模拟结果,绘制了不同开挖条件下边坡岩体的剪应力等值线图（图 5-17）及露井联合开采相对于单一露天开采边坡岩体的剪应力分区图（图 5-18）,分析了单一露天开采和露井联合采动对边坡岩体内的应力分布状态影响的差异,以找出井工采动对露天矿边坡稳定性影响的原因。

显然,露井联合开采时的边坡岩体的剪应力分布状态不同于单一露天开采时的。由于受地下采动的影响,在采场上覆岩层形成较小范围的剪应力降低区,而在其他大范围岩体中,形成剪应力增大区,这是露天和地下联合开采对岩体内应力扰动的叠加造成的。剪应力越高,边坡岩体越容易发生剪切破坏而发生滑坡。同样,受到井工采动应力影响,在采空区上方岩层形成冒落带、裂缝带和弯曲带的过程中,边坡岩体中产生大量的张裂缝,和原有的节理、裂隙相连通,改变了原有边坡岩体结构状况,促使边坡岩体产生一定

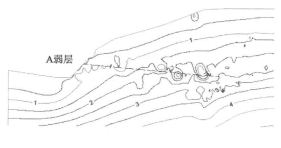

(a) 单一露天开采

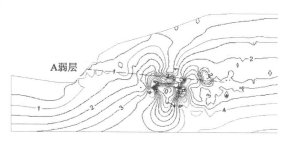

(b) 露井联合开采

图 5-17　不同开采条件下边坡岩体剪应力等值线图

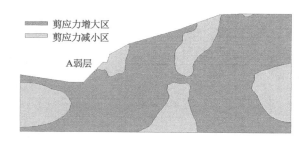

图 5-18　露井联合开采相对于单一露天开采边坡岩体的剪应力分区图

程度破碎,弱化边坡岩土体强度和变形性质,导致边坡岩体变形增大,强度进一步降低。滑坡实质是岩体变形破坏的过程,因此边坡稳定性下降的根本原因可以归结为岩体所处应力环境的改变。

## 5.4　本章小结

　　本章以平庄西露天矿Ⅱ区边坡为工程背景,应用刚体极限平衡法和数值模拟对单一露天开采和露井联采条件下边坡的稳定性进行了对比分析,模拟研究了两种条件下逆倾边坡失稳过程中变形破坏特征、位移特征及应力分布特征,分析了地下开采对露天矿边坡的影响。主要结论如下:

（1）采用极限平衡分析法和数值模拟方法确定的单一露天开采边坡潜在滑面基本一致，滑坡模式为以 A 弱层为底滑面的切层-顺层滑动；二维极限平衡分析法和 RFPA 强度折减法的稳定性计算结果比较接近，证明了 RFPA-SRM 对于边坡稳定性分析的适用性；但是由于二维分析方法未能考虑滑体两侧存在的约束力，所得出的稳定性系数小于三维极限平衡分析方法的计算结果。

（2）不同开采方式时的边坡破坏模式不同，单一露天开采时边坡发生滑移型破坏，而露井联采条件下边坡发生了滑移-塌陷复合型破坏，且相对于单一露天开采，露井联采条件下边坡的稳定性下降，其直接原因是在边坡发生滑移前，潜在滑面以上局部岩体已经遭到一定程度的破坏，弱化了原有的岩体强度，加剧了滑坡的发展，这和地下开采对露天矿边坡破坏模式及稳定性影响的理论分析结果相吻合。

（3）露井联采条件下边坡失稳过程中的位移分布特征不同于单一露天开采，地下采空区上方岩体以下沉为主，同时，一侧岩体向露天采空区方向移动，说明边坡岩体由于受到露天和井工两种采动效应影响，在一定范围内位移叠加。

（4）从应力分布特征来看，受到露井联合采动影响时，边坡岩体内剪应力在大范围内叠加增大，使得岩体内剪切裂隙增加，结构发生变化，强度降低，致使边坡稳定性下降，说明应力环境的改变是露井联采边坡稳定性下降的根本原因。

# 6 基于地表位移监测的边坡稳态分析

边坡受到力的作用从变形到最终破坏,通常要经历一个相当长的演化过程。边坡失稳发展过程,往往伴随着一系列边坡地表、地下的宏观与微观变形,包括边坡地表的位移、地面裂缝的出现和发展、地下滑动面的形成等,而通过边坡位移监测动态数据可以及时掌握边坡的这些宏观与微观特征。目前应用的矿山边坡位移监测手段主要有地表位移监测和地下位移监测,而地表位移监测由于容易实现,故应用十分广泛。本章通过分析平庄西露天矿顶帮边坡地表位移监测结果,研究露井联采边坡岩移规律,同时判定边坡的稳定状态。

## 6.1 边坡位移-时间关系曲线特征分析

大量滑坡变形监测结果表明:边坡的变形具有蠕变特点,即从开始出现变形到最终失稳破坏一般需经历与岩土体蠕变曲线类似的初始变形、等速变形和加速变形 3 个阶段,见图 6-1 中的曲线 1。分别求出位移对时间的一阶导数和二阶导数,即可获得边坡位移速度-时间关系曲线(图 6-1 中曲线 2)和位移加速度-时间关系曲线(图 6-1 中曲线 3)。显然,边坡在初始变形阶段($AB$),位移加速度 $a<0$;在等速变形阶段($BC$),位移加速度 $a=0$;一旦进入加速变形阶段($CD$),位移加速度 $a>0$。边坡在初始变形和等速变形阶段是稳定的,当边坡进入加速变形阶段,即预示着边坡演化进入整体失稳破坏的临界状态,滑坡即将发生,据此可判定边坡的稳定状态。

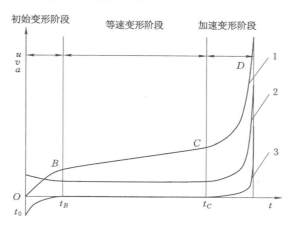

1—位移-时间关系曲线;2—位移速度-时间关系曲线;3—位移加速度-时间关系曲线。

图 6-1 典型的边坡位移-时间特征曲线

## 6.2 监测点布置

一般来说,边坡地表位移监测点的基本布置原则有:

(1) 根据边坡岩体结构的特征对岩体进行分类,在各种岩体的代表性位置处设置监测点,以期在总体上得到开挖过程中各类主要岩体结构的变形规律;

(2) 根据地质资料分析结果,在工程地质条件较差的部位(如断层、软弱带等)附近增加监测点数量;

(3) 在边坡外形突然变化或软硬岩层交界部位布置监测点;

(4) 根据边坡形状、岩层性质判断可能出现较大变形的位置,并在这些部位布置监测点;

(5) 在观测方便且受施工等外界干扰少的位置布置测点;

(6) 由于露天矿边坡分多级开挖,故尽量在每一平台上布置外观测点。

按照上述监测点布置原则,结合现场工程实际在平庄西露天矿顶帮边坡共布设了 68 个地表位移监测点。这些点大多数集中在顶帮边坡的Ⅱ区和Ⅲ区,一般沿边坡走向或倾向线性布置,形成类方格形观测网,部分监测点布置在地下采区上方,目的是尽可能反映井工开采引起的地面下沉和边坡的整体变形规律。监测点的布置见表 6-1 和图 6-2。图 6-2 中的箭头表示各监测点的平面位移矢量,各监测点的监测结果列于表 6-1 中。

表 6-1 顶帮边坡监测点位置及监测结果

| 监测点名称 | 原始坐标/m | | | 开始监测日期 | 截止监测日期 | 监测天数/d | 位移方位角/(°) | 水平位移量/cm | 垂直位移量/cm | 平均水平位移速度/(mm/d) | 平均垂直位移速度/(mm/d) |
|---|---|---|---|---|---|---|---|---|---|---|---|
| | $x$ | $y$ | $z$ | | | | | | | | |
| 716 | 3 549 | −5 221 | 715 | 2007−09−20 | 2010−06−12 | 996 | 126 | 293.2 | −341.4 | 2.94 | −3.43 |
| 716_2 | 3 643 | −5 171 | 706 | 2008−06−12 | 2010−06−11 | 729 | 108 | 293 | −261.8 | 4.02 | −3.59 |
| 716_1 | 3 461 | −5 207 | 703 | 2008−06−12 | 2010−06−11 | 729 | 116 | 223.9 | −349.7 | 3.07 | −4.80 |
| 716_3 | 3 720 | −5 123 | 691 | 2008−06−11 | 2010−06−11 | 730 | 107 | 278.8 | −260 | 3.82 | −3.56 |
| 608_1 | 3 998 | −4 914 | 622 | 2008−09−24 | 2010−06−10 | 624 | 107 | 165.3 | −102 | 2.65 | −1.63 |
| 608_2 | 3 902 | −4 955 | 618 | 2008−09−27 | 2010−06−09 | 620 | 106 | 232.7 | −186.9 | 3.75 | −3.01 |
| 572_3 | 3 464 | −4 857 | 614 | 2008−08−06 | 2010−06−10 | 673 | 105 | 455.2 | −216.2 | 6.76 | −3.21 |
| 608 | 4 280 | −4 823 | 608 | 2007−11−03 | 2010−06−12 | 952 | 73 | 141 | −53.5 | 1.48 | −0.56 |
| 72_4 | 3 666 | −4 848 | 607 | 2008−08−19 | 2010−06−10 | 660 | 89 | 303.1 | −95.4 | 4.59 | −1.45 |
| 72_2 | 3 328 | −4 870 | 590 | 2007−05−29 | 2010−06−10 | 1108 | 125 | 612.1 | −141.6 | 5.52 | −1.28 |
| 72_1 | 3 238 | −4 903 | 588 | 2007−05−29 | 2010−06−10 | 1108 | 119 | 368.1 | −179.6 | 3.32 | −1.62 |
| 572_5 | 3 175 | −4 967 | 585 | 2008−09−10 | 2010−03−01 | 537 | 114 | 122.8 | −33 | 2.29 | −0.61 |
| H4 | 3 429 | −4 776 | 577 | 2010−01−21 | 2010−06−10 | 140 | 105 | 207 | −96 | 14.79 | −6.86 |
| 560_3 | 3 080 | −5 031 | 574 | 2008−09−16 | 2010−06−11 | 633 | 123 | 105.1 | −52.6 | 1.66 | −0.83 |

表 6-1（续）

| 监测点名称 | 原始坐标/m | | | 开始监测日期 | 截止监测日期 | 监测天数/d | 位移方位角/(°) | 水平位移量/cm | 垂直位移量/cm | 平均水平位移速度/(mm/d) | 平均垂直位移速度/(mm/d) |
|---|---|---|---|---|---|---|---|---|---|---|---|
| | $x$ | $y$ | $z$ | | | | | | | | |
| 548_3 | 3 922 | −4 763 | 571 | 2007-10-26 | 2010-03-07 | 863 | 99 | 193.6 | −11.6 | 2.24 | −0.13 |
| 560_1 | 4 300 | −4 765 | 570 | 2007-10-26 | 2010-06-12 | 960 | 87 | 111.5 | −8.6 | 1.16 | −0.09 |
| 548_2 | 3 705 | −4 761 | 568 | 2007-10-26 | 2010-06-10 | 958 | 104 | 260.2 | 25.5 | 2.72 | 0.27 |
| 548_6 | 3 790 | −4 765 | 568 | 2008-09-27 | 2010-06-09 | 620 | 101 | 204 | −2.6 | 3.29 | −0.04 |
| 560_2 | 4 499 | −4 760 | 567 | 2007-10-26 | 2010-06-12 | 960 | 88 | 96.4 | −37 | 1.00 | −0.39 |
| 548_5 | 3 998 | −4 749 | 566 | 2008-01-07 | 2010-06-12 | 887 | 98 | 169.4 | 5.2 | 1.91 | 0.06 |
| 48_1 | 3 192 | −4 882 | 565 | 2005-08-14 | 2010-06-10 | 1761 | 124 | 542.6 | −257.5 | 3.08 | −1.46 |
| 548_4 | 4 095 | −4 737 | 563 | 2007-10-26 | 2010-06-12 | 960 | 94 | 172.8 | 14.6 | 1.80 | 0.15 |
| 36_1 | 2 977 | −5 118 | 557 | 2005-08-14 | 2010-06-10 | 1761 | 119 | 203.4 | −5 | 1.16 | −0.03 |
| N4 | 5 031 | −4 808 | 550 | 2005-12-16 | 2010-06-10 | 1637 | 118 | 9.8 | −3.8 | 0.06 | −0.02 |
| 24_5 | 3 042 | −4 964 | 544 | 2010-04-14 | 2010-06-10 | 57 | 175 | 13.8 | 4.5 | 2.42 | 0.79 |
| H5 | 3 497 | −4 731 | 544 | 2010-01-21 | 2010-06-10 | 140 | 116 | 38.8 | 14.7 | 2.77 | 1.05 |
| 24_3 | 3 162 | −4 832 | 543 | 2010-04-14 | 2010-06-10 | 57 | 135 | 26.6 | −6.9 | 4.67 | −1.21 |
| 24_4 | 3 096 | −4 888 | 543 | 2010-04-14 | 2010-06-10 | 57 | 161 | 49.3 | 3.8 | 8.65 | 0.67 |
| 24_2 | 3 308 | −4 766 | 540 | 2008-06-27 | 2010-06-10 | 713 | 124 | 262.7 | −73 | 3.68 | −1.02 |
| 512_12 | 3 630 | −4 698 | 532 | 2010-05-13 | 2010-06-10 | 28 | 113 | 12.2 | 2 | 4.36 | 0.71 |
| 12_1 | 3 199 | −4 793 | 529 | 2005-08-15 | 2010-06-10 | 1760 | 134 | 689.1 | 41 | 3.92 | 0.23 |
| 512_10 | 4 000 | −4 690 | 529 | 2008-03-27 | 2010-06-10 | 805 | 90 | 194.5 | 40.7 | 2.42 | 0.51 |
| 512_11 | 3 794 | −4 695 | 529 | 2008-01-07 | 2010-06-09 | 884 | 101 | 253.1 | 43.3 | 2.86 | 0.49 |
| 512_2 | 3 704 | −4 704 | 529 | 2005-08-15 | 2010-06-10 | 1 760 | 104 | 407.7 | 93.7 | 2.32 | 0.53 |
| 512_4 | 3 895 | −4 698 | 529 | 2007-10-26 | 2010-06-10 | 958 | 95 | 255.9 | 40.1 | 2.67 | 0.42 |
| 512_7 | 4 100 | −4 689 | 529 | 2007-10-26 | 2010-06-10 | 958 | 89 | 199.2 | 43.4 | 2.08 | 0.45 |
| 512_3 | 4 286 | −4 693 | 527 | 2005-08-15 | 2010-06-10 | 1 760 | 93 | 229.7 | 20.1 | 1.31 | 0.11 |
| 512_8 | 4 503 | −4 691 | 527 | 2007-10-26 | 2010-06-10 | 958 | 95 | 126.4 | 6.4 | 1.32 | 0.07 |
| H2 | 3 342 | −4 700 | 517 | 2010-02-09 | 2010-06-10 | 121 | 130 | 65.9 | 4.4 | 5.45 | 0.36 |
| 滑2 | 3 235 | −4 728 | 507 | 2010-04-14 | 2010-06-10 | 57 | 136 | 38 | −6.6 | 6.67 | −1.16 |
| 464_1 | 3 109 | −4 785 | 491 | 2006-05-26 | 2010-06-10 | 1 476 | 144 | 565.9 | 33.6 | 3.83 | 0.23 |
| H7 | 3 514 | −4 642 | 484 | 2010-02-09 | 2010-06-10 | 121 | 117 | 29.9 | 2.2 | 2.47 | 0.18 |
| mj33_1 | 3 305 | −4 669 | 474 | 2007-09-06 | 2010-06-10 | 1 008 | 133 | 433.6 | 75.4 | 4.30 | 0.75 |
| m43_1 | 4 320 | −4 616 | 473 | 2008-03-20 | 2010-06-09 | 811 | 77 | 161.7 | 58.9 | 1.99 | 0.73 |
| m41_1 | 4 096 | −4 619 | 472 | 2008-03-20 | 2010-06-09 | 811 | 143 | 326.3 | 74.2 | 4.02 | 0.91 |
| m45_1 | 4 503 | −4 612 | 472 | 2008-03-20 | 2010-06-09 | 811 | 91 | 158.7 | 39.6 | 1.96 | 0.49 |
| m35_1 | 3 563 | −4 631 | 471 | 2008-03-20 | 2010-06-10 | 812 | 119 | 214.2 | 51.5 | 2.64 | 0.63 |
| 464_2 | 3 671 | −4 627 | 471 | 2010-05-13 | 2010-06-10 | 28 | 95 | 10.5 | 0 | 3.75 | 0.00 |

表 6-1(续)

| 监测点名称 | 原始坐标/m | | | 开始监测日期 | 截止监测日期 | 监测天数/d | 位移方位角/(°) | 水平位移量/cm | 垂直位移量/cm | 平均水平位移速度/(mm/d) | 平均垂直位移速度/(mm/d) |
|---|---|---|---|---|---|---|---|---|---|---|---|
| | $x$ | $y$ | $z$ | | | | | | | | |
| mj20_1 | 2 903 | −5 044 | 468 | 2007-12-19 | 2010-06-11 | 905 | 141 | 119.7 | 14.7 | 1.32 | 0.16 |
| 452_5 | 2 645 | −5 131 | 467 | 2007-08-14 | 2010-06-10 | 1 031 | 129 | 132.3 | 62.9 | 1.28 | 0.61 |
| mj21_1 | 2 960 | −4 949 | 467 | 2007-09-06 | 2010-06-11 | 1 009 | 148 | 227 | 22.8 | 2.25 | 0.23 |
| 452_6 | 2 857 | −5 089 | 466 | 2007-08-14 | 2010-06-10 | 1 031 | 137 | 109.4 | 36.4 | 1.06 | 0.35 |
| mj22_1 | 3 023 | −4 832 | 466 | 2007-09-06 | 2010-06-11 | 1 009 | 152 | 245.5 | 6 | 2.43 | 0.06 |
| mj23_1 | 3 116 | −4 749 | 465 | 2007-09-06 | 2010-06-11 | 1 009 | 141 | 352.2 | 13.5 | 3.49 | 0.13 |
| 452_1 | 3 010 | −4 828 | 463 | 2007-05-29 | 2010-06-11 | 1 108 | 149 | 376.3 | 85.5 | 3.40 | 0.77 |
| 452_2 | 3 082 | −4 760 | 463 | 2007-05-29 | 2010-06-11 | 1 108 | 143 | 349.9 | 32.6 | 3.16 | 0.29 |
| M39_1 | 3 901 | −4 614 | 458 | 2008-04-23 | 2010-06-09 | 777 | 92 | 269.5 | 77 | 3.47 | 0.99 |
| 3700 铁道 | 3 671 | −4 616 | 458 | 2008-03-11 | 2010-06-10 | 821 | 122 | 191.3 | 148.9 | 2.33 | 1.81 |
| 3800 铁道 | 3 803 | −4 611 | 458 | 2008-05-16 | 2010-06-05 | 750 | 92 | 194.4 | 140.3 | 2.59 | 1.87 |
| 4000 铁道 | 3 998 | −4 605 | 458 | 2008-05-07 | 2010-06-10 | 764 | 93 | 230.9 | 70.6 | 3.02 | 0.92 |
| 铁钎 1 | 3 031 | −4 764 | 454 | 2009-12-31 | 2010-05-22 | 142 | 151 | 51.7 | 7.4 | 3.64 | 0.52 |
| 440_1 | 3 235 | −4 649 | 450 | 2007-08-14 | 2010-06-10 | 1 031 | 140 | 349.3 | 51.9 | 3.39 | 0.50 |
| 428_1 | 3 106 | −4 620 | 432 | 2009-06-23 | 2010-06-10 | 352 | 136 | 110.5 | 7.3 | 3.14 | 0.21 |
| 428_2 | 3 146 | −4 588 | 431 | 2009-06-23 | 2010-06-10 | 352 | 58 | 35 | 2 | 0.99 | 0.06 |
| 04_3 | 3 964 | −4 548 | 409 | 2010-04-11 | 2010-06-10 | 60 | 118 | 18.6 | 1.3 | 3.10 | 0.22 |
| 4039 | 3 884 | −4 568 | 409 | 2009-12-27 | 2010-04-11 | 105 | 98 | 14.4 | 0.1 | 1.37 | 0.01 |
| 4037 | 3 707 | −4 573 | 408 | 2009-11-10 | 2010-06-09 | 211 | 121 | 25.3 | 8.6 | 1.20 | 0.41 |
| 04_2 | 3 795 | −4 556 | 408 | 2010-04-11 | 2010-06-10 | 60 | 130 | 18.9 | 2.3 | 3.15 | 0.38 |

## 6.3　监测结果及分析

由表 6-1 和图 6-2 可以看出:各个监测点的水平位移方向大致都垂直于边坡走向而朝向露天采空区,且由于煤层顶板辉绿岩向南倾斜各监测点稍向南偏移;各个监测点垂直位移也具有一定的规律性:在标高+548 m 以上监测点的垂直下沉量基本上大于 0,而在标高+548 m 以下监测点的垂直位移均向上且位移量较小,主要是由于边坡岩体沿逆倾辉绿岩层顶板滑移造成的,可认为标高+548 m 是露井联采条件下边坡岩体上升和下沉区域的界限,且该标高以下岩体未受地下采动影响。此外,位于 A 弱层以下的 428_2、4037 和 4039 监测点,平均位移速度明显小于上部各监测点,说明边坡整体主要沿辉绿岩顶板以上 A 弱层滑移。

由于监测点的数量较多,故只选取布置在矿井东西边界附近的 2 条监测线、边坡走

图 6-2　顶帮边坡地表位移监测点布置图

向方向的 2 条监测线和倾向方向的 3 条监测线的监测数据进行整理分析（图 6-3），以揭示露井联合开采条件下边坡岩层移动规律，并判定现有边坡状态。为消除初始监测时间差异，分析边坡不同区域的移动规律和稳定程度，取各监测点同一时间区段（2008 年 9 月至 2010 年 6 月）内的监测数据进行对比分析。

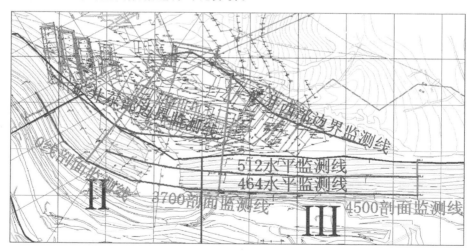

图 6-3　顶帮边坡地表位移监测线布置图

## 6.3.1　井采边界监测线数据分析

五家矿四井地下开采在边坡走向上基本按由北向南的顺序，采用倾斜长壁工作面回采，当充分采动后，逐渐在地表形成沉陷盆地。通过对井采边界监测点的监测数据进行分析，可揭示开挖工程造成的地表移动规律，同时可确定井工开采的影响范围。

（1）井采西边界监测线

沿矿井西边界自南向北共布置 7 个地表位移监测点,分别为 716_1、716、716_2、716_3、608_2、608_1 和 608 监测点,其中除 608 监测点以外的监测点均处于地下采区上方,监测结果见表 6-2 和图 6-4。

表 6-2 井采西边界监测线监测点监测结果

| 名称 | 累计水平位移/cm | 累计垂直位移/cm | 备注 |
|---|---|---|---|
| 716_1 | 206.5 | −326.3 | 距离 $F_1$ 断层盲露头 237 m |
| 716 | 179.1 | −246.4 | 距离 $F_1$ 断层盲露头 178 m |
| 716_2 | 274.4 | −247.5 | 距离 $F_1$ 断层盲露头 170 m |
| 716_3 | 256.5 | −244.4 | 距离 $F_1$ 断层盲露头 180 m |
| 608_2 | 232.7 | −186.9 | 距离 $F_1$ 断层盲露头 299 m |
| 608_1 | 165.3 | −102 | 距离 $F_1$ 断层盲露头 325 m |
| 608 | 105.6 | −30.9 | 距离 $F_1$ 断层盲露头 390 m |

分析以上 7 个监测点的监测结果可知:自南向北各监测点的水平位移有减小趋势,这是因为北部的 608_2、608_1 和 608 监测点距离 $F_1$ 断层和 $F_3$ 断层较远,受到的影响较小,尤其是在 608 监测点处,$F_1$ 断层已经尖灭与 $F_3$ 断层合并,因此 608 监测点水平位移最小;各点的垂直位移规律较明显,自南向北下沉量依次减小,其中 608 监测点由于不受地下开采影响,下沉量明显小于其他监测点,其他各点下沉量大小不一的原因是北部先于南部开采,下沉也先于南部趋于稳定;各点的位移速度和位移加速度历时曲线均在一定范围内波动,且波动范围趋于减小,说明各点趋于稳定。

(2)井采东边界监测线

沿矿井东边界共布置 7 个地表位移监测点,由南向北分别为 36_1、560_3、572_5、72_1、72_2、572_2 和 72_4 监测点,监测结果见表 6-3 和图 6-5。

表 6-3 井采东边界监测线上监测点监测结果

| 名称 | 累计水平位移/cm | 累计垂直位移/cm | 备注 |
|---|---|---|---|
| 36_1 | 76.6 | 1 | 2000 剖面,标高+557 m |
| 560_3 | 105.1 | −52.6 | 2100 剖面,标高+574 m |
| 572_5 | 122.8 | −33 | 2200 剖面,标高+584 m |
| 72_1 | 194 | −85 | 0 线剖面左侧,标高+588 m |
| 72_2 | 345.8 | −62.5 | 0 线剖面右侧,标高+590 m |
| 572_3 | 446.5 | −211.7 | 3500 剖面,标高+614 m |
| 72_4 | 303.1 | −95.4 | 3700 剖面,标高+606 m |

分析以上 7 个监测点的监测结果可以看出:位于Ⅱ区凸边坡 0 线剖面附近的 572_3

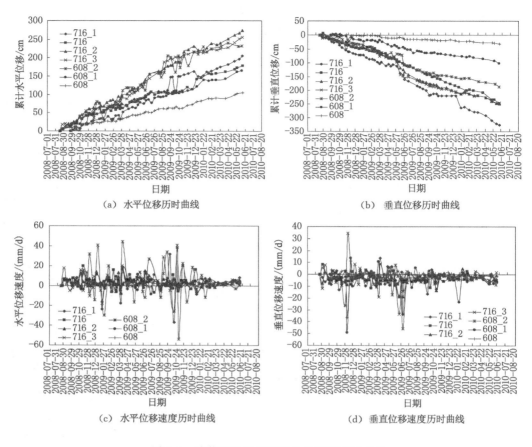

（a）水平位移历时曲线　　　　　　　　　（b）垂直位移历时曲线

（c）水平位移速度历时曲线　　　　　　　（d）垂直位移速度历时曲线

图 6-4　矿井西边界监测线各点监测成果曲线

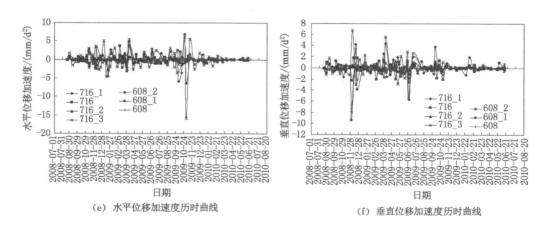

（e）水平位移加速度历时曲线　　　　　　（f）垂直位移加速度历时曲线

图 6-4（续）

和 72_2 监测点的水平位移较其他各监测点明显,同时 72_4 监测点由于下部受到露天开采影响,水平位移也较大;572_3 监测点垂直位移明显,表明该点处在地下开采影响范围

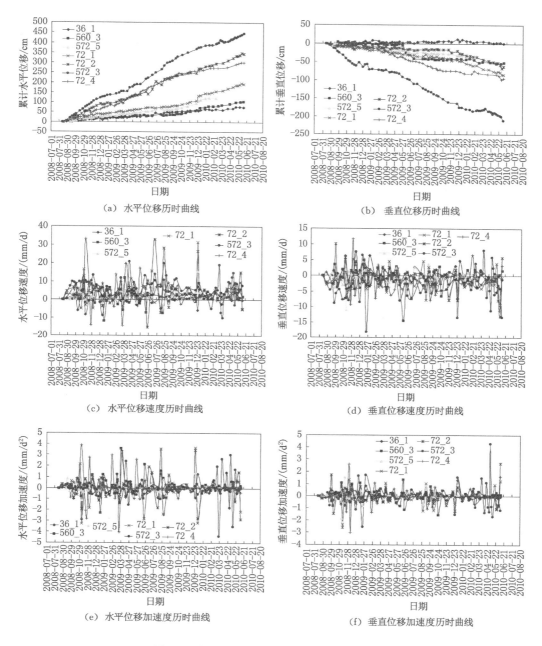

图 6-5　井采东边界监测线各点监测成果曲线

内,参考 608 监测点的下沉值,可认定 36_1 监测点不受井工采动影响,而 560_3、572_5、72_1、72_2 和 72_4 监测点尽管下沉量大于 608 监测点,但这些值为同一数量级,可认为这几点所处的位置基本就是地下开采影响的边界;各监测点位移速度历时曲线和位移加速度历时曲线基本在小范围内波动,边坡无明显加速变形现象,表明该监测线附近岩体处于等速变形阶段。

对比分析 2 条沿矿井边界布置的监测线的监测成果可以看出:地下开采下山一侧岩体的水平位移主要受 $F_1$ 断层的影响,距离 $F_1$ 断层越近,水平位移越大,而上山一侧岩体的水平位移主要受露天开挖和边坡形态影响;地下开采影响的边界在边坡表面的出露标高大致为+580 m。

## 6.3.2　边坡走向方向监测线数据分析

通过前面的分析可知:边坡滑移主要受 A 弱层控制,故选取弱层附近的+512 m 水平走向监测线和+464 m 水平走向监测线进行分析,目的是通过对比分析走向方向不同位置的累计位移和位移速度情况,预测边坡相对危险的区域,同时分析边坡的稳定状态。

(1)+512 m 水平监测线

该水平共布置 8 个地表位移监测点,由南向北分别为 12_1、512_2、512_11、512_4、512_10、512_7、512_3 和 512_8 监测点,监测结果见表 6-4 和图 6-6。

表 6-4　+512 m 水平监测线上监测点监测结果

| 名称 | 水平位移累计量/cm | 垂直位移累计量/cm | 备注 |
|---|---|---|---|
| 12_1 | 238.3 | 0.1 | 0 线剖面 |
| 512_2 | 184.5 | 45.9 | 3700 剖面 |
| 512_11 | 207.7 | 4.2 | 3800 剖面 |
| 512_4 | 184.7 | 28 | 3900 剖面 |
| 512_10 | 163.4 | 34.4 | 4000 剖面 |
| 512_7 | 145 | 28.2 | 4100 剖面 |
| 512_3 | 106 | 19.6 | 4300 剖面 |
| 512_8 | 85 | 4.5 | 4500 剖面 |

分析以上 8 个监测点的监测结果可以看出:各点的累计水平位移由大到小依次为:0 线剖面处的 12_1 监测点、3800 剖面处的 512_11 监测点、3900 剖面处的 512_4 监测点、3700 剖面处的 512_2 监测点、4000 剖面处的 512_10 监测点、4100 剖面处的 512_7 监测点、4300 剖面处的 512_3 监测点和 4500 剖面处的 512_8 监测点,可见Ⅱ区凸边坡水平位移量相对较大,为相对不稳定区域;各点的垂直位移均有增大趋势,说明+512 m 水平未受到井工开采的影响;各点的水平位移速度和垂直位移速度均在一定范围内波动,边坡无明显加速变形现象,说明该水平附近边坡岩体均处于等速变形阶段。

(2)+464 m 水平监测线

该水平共布置 10 个地表位移监测点,由南向北分别为 mj20_1、mj21_1、mj22_1、mj23_1、mj33_1、mj35_1、mj39_1、m41_1、m43_1 和 m45_1 监测点,监测结果见表 6-5 和图 6-7。

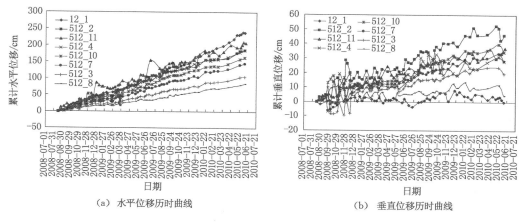

（a）水平位移历时曲线 　　　　（b）垂直位移历时曲线

图 6-6 ＋512 m 水平监测线上各监测点监测结果曲线

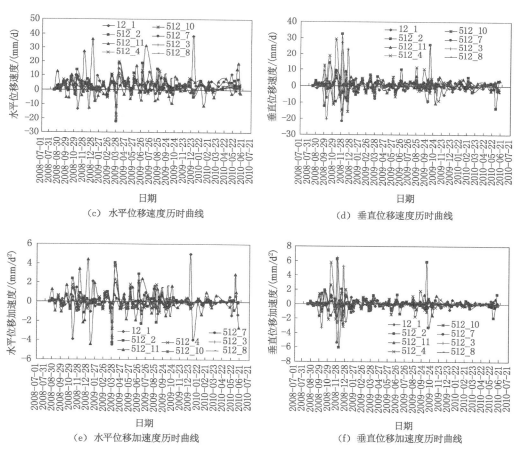

（c）水平位移速度历时曲线 　　　　（d）垂直位移速度历时曲线

（e）水平位移加速度历时曲线 　　　　（f）垂直位移加速度历时曲线

图 6-6（续）

**表 6-5　＋464 m 水平监测线上监测点监测结果**

| 名称 | 累计水平位移/cm | 累计垂直位移/cm | 备注 |
|---|---|---|---|
| mj20_1 | 87 | 12.8 | 2000 剖面 |
| mj21_1 | 135.5 | 24.1 | 2100 剖面 |
| mj22_1 | 186.4 | 28.4 | 2200 剖面 |
| mj23_1 | 197.6 | 15 | 2300 剖面 |
| mj33_1 | 266.1 | 37.5 | 3300 剖面 |
| mj35_1 | 175.4 | 41.3 | 3500 剖面 |
| mj39_1 | 234.2 | 66.7 | 3900 剖面 |
| mj41_1 | 91 | 59.8 | 4100 剖面 |
| mj43_1 | 136.8 | 46.2 | 4300 剖面 |
| mj45_1 | 121.8 | 41.1 | 4500 剖面 |

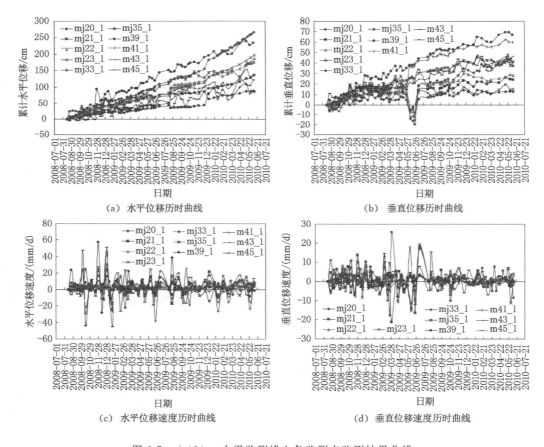

（a）水平位移历时曲线　　　　　　　（b）垂直位移历时曲线

（c）水平位移速度历时曲线　　　　　　（d）垂直位移速度历时曲线

图 6-7　＋464 m 水平监测线上各监测点监测结果曲线

分析以上 10 个监测点的监测结果可以看出:各点的累计水平位移由大到小依次为:

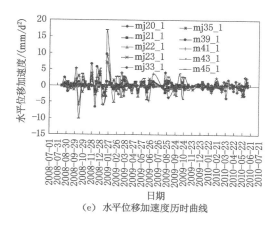
(e) 水平位移加速度历时曲线

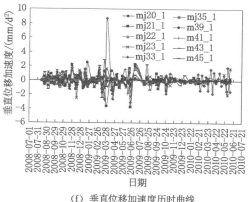
(f) 垂直位移加速度历时曲线

图 6-7（续）

3300 剖面处的 mj33_1 监测点、3900 剖面处的 m39_1 监测点、2300 剖面处的 mj23_1 监测点、2200 剖面处的 mj22_1 监测点、3500 剖面处的 mj35_1 监测点、4300 剖面处的 m43_1 监测点、2100 剖面处的 mj21_1 监测点、4500 剖面处的 m45_1 监测点、2000 剖面处的 mj20_1 监测点和 4100 剖面处的 m41_1 监测点，说明Ⅱ区边坡水平位移量相对较大，为相对不稳定区域，这与＋512 m 水平监测线的分析结果是一致的；各点的垂直位移均有上升趋势，较＋512 m 水平上升趋势明显，由于 A 弱层南倾使得处于该水平的Ⅲ区边坡岩体较Ⅱ区上升趋势明显，进一步说明该水平岩体的滑移受 A 弱层的控制；各点的水平位移速度和垂直位移速度均在一定范围内波动，边坡无明显加速变形现象，说明该水平附近边坡岩体均处于等速变形阶段。

从 2 条走向方向监测线的监测结果可以看出，边坡无明显加速现象，整体处于等速变形阶段。由于受边坡形态的影响，Ⅱ区凸边坡较Ⅲ区直线边坡变形明显，为顶帮边坡的相对不稳定区域；A 弱层以上一定范围内岩体位移呈上升趋势，而下部上升趋势较明显，基本趋势是距离 A 弱层越近，上升越明显，这是由于岩体向露天采空区滑移过程中受到逆倾 A 弱层的控制。

## 6.3.3 边坡倾向方向监测线数据分析

为了进一步揭示地下采动对露天矿边坡的影响，并判定不同区域边坡的稳定状态，根据边坡下是否含地下采区及边坡平面形态分别选取 3 条典型的倾向方向监测线进行详细对比分析，其中 0 线剖面处边坡为凸边坡，含地下采区；3700 剖面处边坡为直线边坡，含地下采区；4500 剖面处边坡为直线边坡，不含地下采区。

（1）0 线剖面监测线

沿 0 线剖面共布置 5 个地表位移监测点，由上到下分别为 716、72_1、48_1、12_1 和 mj23_1 监测点，布设位置见图 6-8，监测结果见表 6-6 和图 6-9。

表 6-6 0 线剖面监测线上监测点监测结果

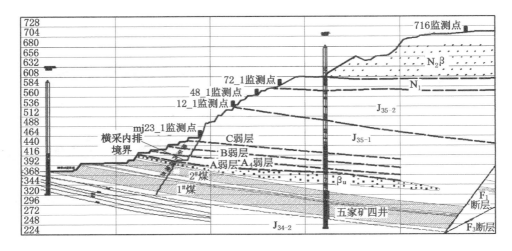

图 6-8　0 线剖面监测线上监测点布置

| 名称 | 累计水平位移/cm | 累计垂直位移/cm | 备注 |
|---|---|---|---|
| 716 | 182.6 | −252.5 | 标高＋715 m,地下采区西部边界上方 |
| 72_1 | 194.0 | −85.0 | 标高＋588 m,地下采区停采线东 110 m |
| 48_1 | 190.4 | −76.2 | 标高＋565 m |
| 12_1 | 238.3 | −0.1 | 标高＋529 m |
| mj23_1 | 197.6 | 15.0 | 标高＋465 m |

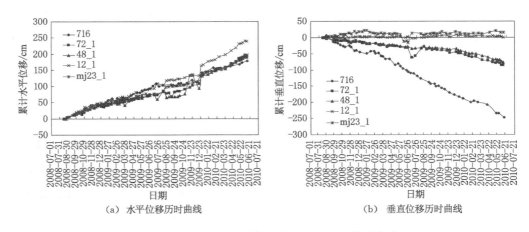

图 6-9　0 线剖面监测线上各监测点监测结果曲线

分析以上 5 个监测点的监测结果可以看出:各点的累计水平位移由大到小依次为:

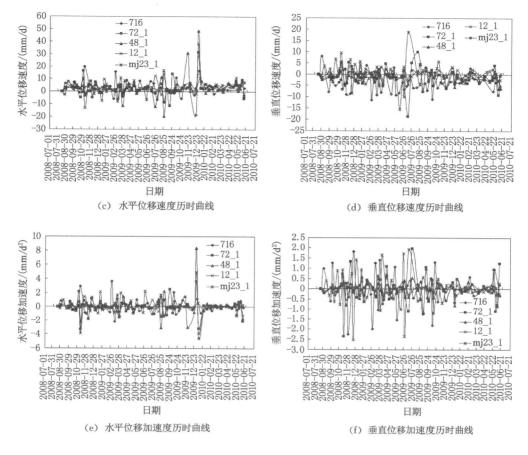

(c) 水平位移速度历时曲线          (d) 垂直位移速度历时曲线

(e) 水平位移加速度历时曲线        (f) 垂直位移加速度历时曲线

图 6-9(续)

12_1 监测点、mj23_1 监测点、72_1 监测点、48_1 监测点和 716 监测点,说明 0 线剖面边坡下部受到挤压而位移相对较大,应加强监测,及时掌握边坡状态;各监测点自下而上下沉量逐渐增大,其中位于采空区西部边界上方的 716 监测点下沉量最大(达 252.5 cm),72_1 监测点和 48_1 监测点下沉量接近 100 cm,12_1 监测点基本未产生垂直方向的位移,位于 A 弱层上方的 mj23_1 监测点上升 15 cm;各点的水平位移速度和垂直位移速度均在一定范围内波动,边坡无明显加速变形现象,说明该剖面处边坡岩体均处于等速变形阶段。

(2) 3700 剖面监测线

沿 3700 剖面共布置 5 个地表位移监测点,由上到下分别为 716_3、72_4、548_2、512_2 和 3700 铁道监测点,布设位置见图 6-10,监测结果见表 6-7 和图 6-11。

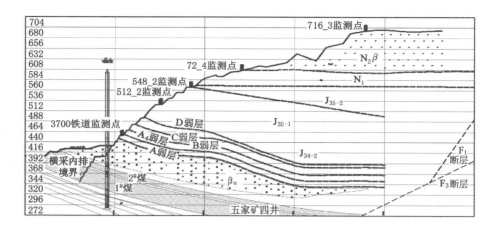

图 6-10　3700 剖面监测线监测点布置

表 6-7　3700 剖面监测线监测点监测结果

| 名　称 | 累计水平位移/cm | 累计垂直位移/cm | 备　　注 |
|---|---|---|---|
| 716_3 | 256.5 | −244.4 | 标高＋691 m,地下采区西部边界上方 |
| 72_4 | 303.1 | −95.4 | 标高＋607 m,地下采区停采线东 19 m |
| 548_2 | 184.7 | 19.2 | 标高＋568 m |
| 512_2 | 184.5 | 45.9 | 标高＋529 m |
| 3700 铁道 | 177.9 | 146.6 | 标高＋458 m |

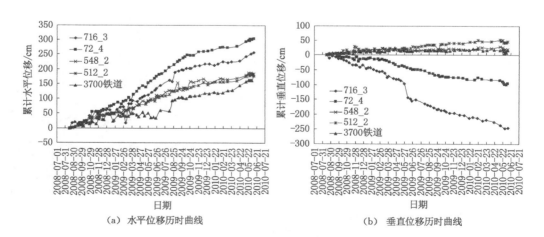

（a）水平位移历时曲线　　　（b）垂直位移历时曲线

图 6-11　3700 剖面监测线上各监测点监测结果曲线

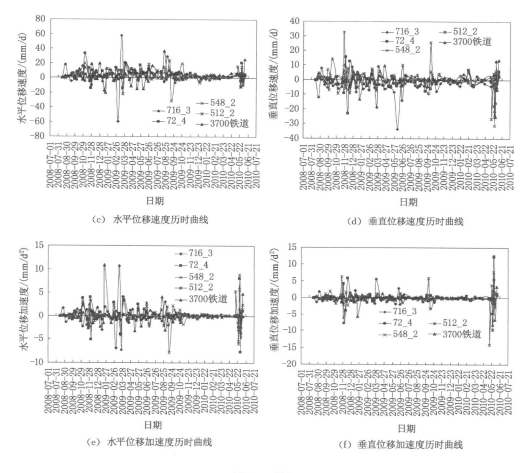

(c) 水平位移速度历时曲线          (d) 垂直位移速度历时曲线

(e) 水平位移加速度历时曲线        (f) 垂直位移加速度历时曲线

图 6-11（续）

分析以上 5 个监测点的监测结果可以看出：各点的累计水平位移由大到小依次为 72\_4、716\_3、548\_2、512\_2 和 3700 铁道监测点，下部岩体水平位移量较小，说明该剖面边坡现处于稳定状态；各点的垂直位移具有较好的规律性，＋572 m 水平以上的 716\_3 监测点和 72\_4 监测点下沉，且由于 716\_3 监测点位于地下采区上方下沉明显，＋548 m 水平以下各监测点均呈上升趋势，自上而下岩体上升趋势明显增加，说明下部岩体滑移主要受逆倾 A 弱层控制；各点的水平方向位移速度和垂直方向位移速度均在一定范围内波动，边坡无明显加速变形现象，说明该剖面处边坡岩体均处于等速变形阶段。

（3）4500 剖面监测线

沿 4500 剖面共布置 3 个地表位移监测点，由上到下分别为 560\_2、512\_8 和 m45\_1 监测点，布设位置见图 6-12，监测结果见表 6-8 和图 6-13。

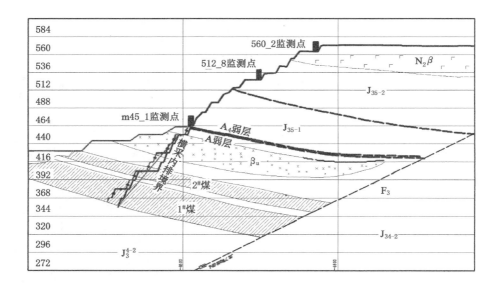

图 6-12  4500 剖面监测线上监测点布置

表 6-8  4500 剖面监测线上监测点监测结果

| 名称 | 累计水平位移/cm | 累计垂直位移/cm | 备注 |
|------|------|------|------|
| 560_2 | 65.2 | −15.8 | 标高＋567 m |
| 512_8 | 85 | 4.5 | 标高＋527 m |
| m45_1 | 121.8 | 41.1 | 标高＋472 m |

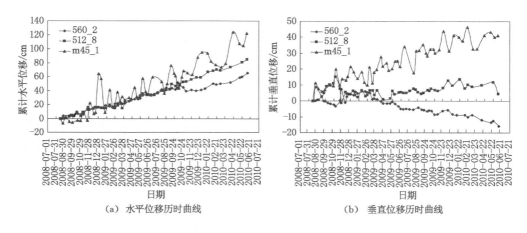

图 6-13  4500 剖面监测线上各监测点监测结果曲线

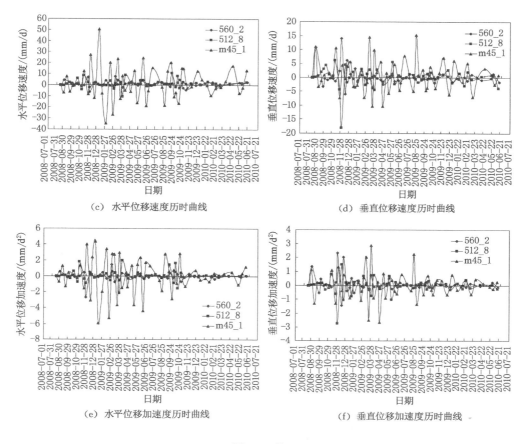

图 6-13（续）

分析以上 3 个监测点的监测结果可以看出：各点的累计水平位移由大到小依次为 m45_1 监测点、512_8 监测点和 560_2 监测点，边坡下部受到挤压而位移相对较大，应加强监测，及时掌握边坡稳态；各点的累计垂直位移规律为：512_8 监测点和 mj45_1 监测点上升，608 监测点下沉，但下沉量不大（15.8 cm），说明不受井工采动影响时，边坡上部岩体同样有下沉趋势，但下沉量相对减小；各点的水平位移速度和垂直位移速度均在一定范围内波动，边坡无明显加速变形现象，说明该剖面处边坡岩体均处于等速变形阶段。

对比分析 3 条边坡倾向方向监测线的监测结果不难看出：4500 剖面由于不含地下采区，使得上部岩体下沉量较小，但相对于受到地下采空区影响的 0 线剖面和 3700 剖面，水平位移量明显减小，这似乎和理论上的露井联采的位移叠加效应相矛盾。其实则不然，详细分析原因就会发现，4500 剖面处 $F_1$ 断层已尖灭，由于没有受到该断层的挤压作用，边坡的位移量整体上减小，这与和相似材料模拟及数值模拟结果相吻合。尽管各剖面边坡的地表位移量有一定差异，但是从位移速度和位移加速度变化情况来看，整个边坡处于等速变形阶段。

# 6.4　本章小结

　　本章通过分析边坡变形过程中的位移-时间特征,提出了边坡稳态判断的依据,通过整理分析布置在五家矿四井边界及边坡走向和倾向方向上的监测线的监测结果,确定了平庄西露天矿顶帮边坡变形的主要影响因素,分析了边坡的变形规律,圈定了地下开采对边坡的影响范围,同时判定了边坡的稳定状态和相对不稳定区域。主要结论如下:

　　(1)边坡变形主要受断层、弱层、地下开采及边坡形态等因素的综合影响。受到 $F_1$ 断层的挤压,边坡整体沿辉绿岩顶板 A 弱层向露天采空区滑移,同时由于辉绿岩南倾,各测点向南偏移。+548 m 标高以上岩体下沉,为下沉区域,基本上随着标高下降,下沉趋势减弱;+548 m 标高以下、A 弱层以上的岩体上升,为上升区域,且距离 A 弱层越近,上升越明显,说明在滑坡发生前必然会出现底鼓现象。

　　(2)边坡不同区域的变形影响因素有所差异,地下开采下山一侧岩体的水平位移受 $F_1$ 断层影响显著,距离 $F_1$ 断层越近,水平位移越大;上山一侧岩体的水平位移主要受边坡形态和露天开挖的影响,即凸边坡岩体位移量较直线边坡大,受到露天开挖影响时位移量也会有所增加。

　　(3)地下开采影响的边界在边坡表面的出露标高大致为+580 m,若边坡潜在滑面上部出露在该标高以上,其稳定性将受到一定影响。

　　(4)各地表位移监测点的位移速度和位移加速度均在一定范围内波动,无明显加速变形现象,表明边坡整体暂时处于等速变形阶段。但Ⅱ区凸边坡变形相对明显,且 0 线剖面边坡下部岩体受上部挤压作用变形较大,因此,Ⅱ区为顶帮边坡的相对不稳定区域。

# 7　边坡临滑时刻的动态识别方法研究

　　露天矿边坡监测的任务是提供可靠的监测资料以及时识别不稳定边坡的变形和潜在破坏的机制及其影响范围,在边坡有失稳迹象时发出警报,保证作业人员、设备及周边构筑物的安全。尽管地表位移监测结果表明平庄西露天矿顶帮边坡整体处于等速变形阶段,但是由极限平衡分析法和数值模拟方法计算得出的边坡稳定性系数较小,表明存在着一定的滑坡危险。因此,确定边坡临滑判据并根据动态监测数据及时、准确识别临滑时刻,实施滑坡预警显得至关重要。

## 7.1　常用滑坡判据分析

　　目前国内外学者提出了 10 余种用于判断边坡失稳的预报判据,常用的滑坡预报判据主要有 4 类:稳定性系数和可靠概率判据、变形速率和加速度判据、蠕变曲线切线角判据和宏观预报判据。李秀珍等[110]对各种预报判据进行了总结,见表 7-1。

表 7-1　滑坡预报判据

| 判据名称 | 判据值或范围 | 适用条件 | 备　注 |
|---|---|---|---|
| 稳定性系数 | $K \leqslant 1$ | 长期预报 | |
| 可靠概率 | $P_S \leqslant 95\%$ | 长期预报 | |
| 声发射参数 | $K = \dfrac{A_0}{A} \leqslant 1$ | 长期预报 | $A_0$ 为岩土破坏时声发射记数最大值;$A$ 为实际观测值 |
| 塑性应变 | $e_1^P \to \infty$ | 小变形滑坡中长期预报 | 滑面或滑带上所有点的塑性应变均趋于无穷大 |
| 塑性应变率 | $\dfrac{de_1^P}{dt} \to \infty$ | 小变形滑坡中长期预报 | 滑面或滑带上所有点的塑性应变均趋于无穷大 |
| 变形速率 | 0.1 mm/d | 黏土页岩、黏土边坡临滑预报 | 新滩滑坡 116 mm/d;黄蜡石滑坡,地表变形速率 10 mm/月,地下变形速率 5 mm/月或连续 3 日的日变形值达到 2 mm |
| | 10.0,14.4,24 mm/d | 岩质边坡临滑预报 | |
| 位移加速度 | $a \geqslant 0$ | 临滑预报 | 加速度值应取一定时间段的持续值 |
| 蠕变曲线切线角 | $\alpha \geqslant 70°$ | 临滑预报 | 黄土滑坡切线角在 89.5°~90°时为滑坡发生危险段 |
| 位移矢量角 | 突然增大或减小 | 临滑预报 | 堆积层滑坡位移矢量角急剧减小 |

表 7-1（续）

| 判据名称 | | 判据值或范围 | 适用条件 | 备　　注 |
|---|---|---|---|---|
| 临界降雨强度 | | 因地区而异 | 暴雨诱发型滑坡 | |
| 库水位下降速度 | | 2 m/d | 库水诱发型滑坡 | 即将发生的滑坡，0.5～1.0 m/d |
| 分维值 | | 1 | 中长期预报 | 分维值 $D$ 趋于 1，意味着滑坡发生 |
| 双参数判据 | 蠕变曲线切线角和位移矢量角 | 蠕变曲线切线角超过临界值，且位移矢量角突然增大或减小 | 临滑预报 | 新滩滑坡变形曲线的斜率为 74°，位移矢量角显著变化，锐减 5° |
| | 位移速率和位移矢量角 | 位移速率不断增大或超过临界值，位移矢量角显著变化 | 堆积层滑坡临滑预报 | |

各种预报判据都具有一定的实用性，但同时具有一定的局限性。稳定性系数和可靠概率是从滑体受力角度衡量边坡稳定性的指标，其意义明确，且可靠概率考虑了岩土体性质的随机特性，但这两种方法均未考虑岩土体的蠕变特性和边坡稳定性的时间效应，因此只能用于滑坡的长期预报。典型边坡的位移历时曲线体现了边坡从开始变形到发生滑坡整个过程所经历的初始变形、等速变形和加速变形三个阶段，因此，变形速率判据比较直观，但由于不同边坡工程地质条件和主要影响因素差异较大，只考虑时间因素条件下不可能确定一个准确的阈值。切线角判据同样基于位移历时曲线，认为滑坡发生时该曲线的切线角为 90°，且考虑到如降雨、爆破震动及人类工程活动等一些诱发因素的影响，确定切线角大于 70° 作为滑坡时间预报的判据，但是从实际滑坡统计结果来看，不同的边坡滑坡时位移历时曲线的切线角有一定差异，没有统一的阈值。宏观信息预报判据利用滑坡前的宏观特征对滑坡进行预报，捕捉起来比较容易，但是具有较强的个性特征且只适用于短期预报。

# 7.2　临滑时刻的动态识别方法

如前所述，针对临滑预报所建立的滑坡判据均和边坡位移历时曲线相关，其基本思想是：将边坡进入加速变形阶段作为滑坡判据，其实质是边坡变形加速度 $a \geqslant 0$ 即预示滑坡将要发生。从理论上讲该判据是比较严格的，但是由于受到观测误差和一系列不确定性因素的影响，位移速度历时曲线和加速度历时曲线通常是波动的，很难及时捕捉到刚进入加速变形阶段的准确时刻，通常需要监测到加速度 $a \geqslant 0$ 以后的一段时间才能发现、认定该时刻，据此所作出的滑坡预警是滞后的，尤其对于离散型、不等时距的监测数据。因此，应寻求一种科学的方法，能够对该时刻进行及时、准确识别。

边坡变形受一系列不确定性因素的影响，而且在测量过程中不可避免地引入了观测误差，因此，可将监测到的一系列随时间变化的位移监测数据看作随机变量，则将位移对时间进行一阶、二阶求导所得出的位移速度和位移加速度也可以看作随机变量。由于边坡进入加速变形阶段后的位移速度明显增大,从分布特征上讲,加速前、后的位移速度分布特征存在显著差异。因此,本书基于统计学中的假设检验原理,试图通过对位移监测成果的数据分布特征进行分布检验,捕捉数据异常点,从而及时识别边坡进入加速变形阶段的准确时刻,即临滑时刻,为滑坡预警的实施提供依据。

### 7.2.1 假设检验原理

假设检验推理方法是概率反证法,其推理逻辑是:如果原假设 $H_0$ 是对的,而能够验证假设 $H_0$ 为真的某个统计量落入某个约定的区域 $W$ 是个小概率事件,小概率事件在一次试验中基本上不会发生。如果该统计量的一次实测值落入区域 $W$,那么就能够以较充分的理由认为原假设不可信而否定它,否则就不能否定原假设而只能接受它。不否定原假设并不是肯定原假设一定对,而只是说差异还不够显著,还没有达到足以否定原假设的程度[118]。假设检验包括变量参数检验和变量分布形态检验。变量参数检验是在变量分布形态已知的情况下对未知变量进行假设检验;变量分布形态检验是在变量已知的情况下对分布形态进行检验,简称分布检验。

### 7.2.2 常用分布检验方法

常用的分布检验方法有以下几种:

(1) K. Pearson-Fisher 检验方法

K. Pearson-Fisher 检验主要用于变量分布形态拟合优度检验($x^2$ 拟合优度检验)和二维变量独立性的检验(列联表独立性检验)。

(2) Kolmogorov-Smirmov 检验方法

Kolmogorov-Smirmov 检验简称 K-S 检验,该方法不是在划分的区间上考虑分布函数 $F_n(X)$ 与原假设的分布函数 $F_0(X)$ 之间的偏差,而是在每一点上考虑它们之间的偏差,这就克服了 $X^2$ 拟合优度检验依赖于区间划分的缺点,但是其只适用于分布函数是连续函数的情况,可以是小样本数据。

(3) 专门用于正态检验的方法

正态分布是概率论中最重要的一种分布,在自然现象和社会现象中,大量随机变量都服从或近似服从正态分布,因而它是最常见的分布[119]。对于此类问题,可以用 K-S 检验法进行变量分布形态检验,但是由于受到样本容量因素的限制,有时检验效果不理想。因此,人们发现了一些专门的正态性检验方法,其检验效果一般优于通用方法。

专门用于正态分布检验的方法有正态概率纸检验、Lilliefors 检验和 Jarque-Bera 检验[118]。正态概率纸方法简单,能粗略估计分布的数字特征;Lilliefors 检验是对 K-S 检验的改进,它不需要已知分布参数,样本的标准化避免了在正态拟合优度检验之前对分布参数的估计,非常适用于小样本检验;Jarque-Bera 检验也是一种常用的基于峰度和偏度联合检验的正态检验方法,适用于大样本数据。

## 7.2.3 基于 Lilliefors 检验的临滑时刻动态识别方法

正态分布（高斯分布）是一个在数学、物理及工程等领域都非常重要的概率分布，在统计学的许多方面有着重大的影响力。其定义为：如果一个随机变量受大量、微小、相互独立的随机因素之和的影响，且各影响因素的作用相对均匀，单一因素不起决定性作用，则可称该随机变量服从正态分布，如常见的测量误差、心理学测试分数、光子计数等。其分布的概率密度函数为：

$$f(x) = \frac{1}{\sqrt{2\pi}\sigma}e^{-\frac{(x-\mu)^2}{2\sigma^2}} \tag{7-1}$$

式中，$\mu$ 与 $\sigma^2$（$\sigma > 0$）为正态分布的两个参数，分别表示该分布的期望和方差，若随机变量 $X$ 服从正态分布，可记为 $X \sim N(\mu, \sigma^2)$。典型的概率密度函数曲线如图 7-1 所示。

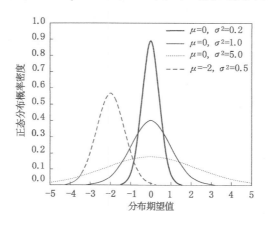

图 7-1　随机变量正态分布密度函数曲线

参数 $\mu$ 和 $\sigma$ 分别决定着正态分布密度曲线的位置和形状，若 $\sigma$ 不变，仅改变 $\mu$ 的大小，图形形状不变，仅沿 $x$ 轴平移，故图形位置完全由 $\mu$ 确定，因此，称 $\mu$ 为位置参数；若 $\mu$ 不变，仅改变 $\sigma$，$\sigma$ 越小图形越细高，$\sigma$ 越大图形越平坦，$\sigma$ 表示随机变量取值的离散程度。

正态分布概率密度函数的性质主要包括：

（1）$f(x)$ 处处大于 0，曲线是位于 $x$ 轴上方的连续曲线；

（2）$f(x)$ 以 $x = \mu$ 为中心左右对称，即 $f(\mu - x) = f(\mu + x)$；

（3）$f(x)$ 在 $(-\infty, \mu)$ 内单调递增，在 $(\mu, +\infty)$ 内单调递减，在 $x = \mu$ 处有极大值 $\frac{1}{\sigma\sqrt{2\pi}}$；

（4）$f(x)$ 在 $x = \mu \pm \sigma$ 处有拐点；

（5）当 $x \to \pm\infty$ 时，$x$ 轴为 $f(x)$ 的渐近线。

理论上讲，位移速度在边坡加速变形前是一个定值，但是在观测过程中不可避免地要引入测量误差，按照正态分布的定义，测量误差是服从正态分布的随机变量，因此，在边坡处于等速变形阶段时，引入测量误差的位移速度随机变量同样服从正态分布，而当边坡进入加速变形阶段后,就不再服从正态分布了。结合上述方法的特点及边坡的位移-时间特征,可用 Lilliefors 检验方法对边坡位移速度随机变量所服从的分布进行正态检验,若能够及时发现数据异常点,就可以识别边坡的临滑时刻。

假设一边坡现处于等速变形阶段,其监测获得的位移速度随机变量为 $V_{(m)}\{v_1,v_2,\cdots,v_m\}$,随着监测数据的动态更新,分别生成新的随机变量 $V_{(m+1)}$、$V_{(m+2)}$、$\cdots$,这样可以通过不断地对数据更新后的位移速度随机变量进行分布检验,若截止某一监测时刻,新生成的位移速度随机变量 $V_{(n)}\{v_1,v_2,\cdots,v_n\}$ 不服从正态分布,则该时刻的位移观测值为数据异常点,说明边坡已经不再处于等速阶段而进入加速变形阶段了,这时应立即实施滑坡预警。位移速度随机变量的检验步骤可以描述如下。

如图 7-2 所示,位移监测初始时刻为 $t_0$,$t=t_0\sim t_B$ 时间区段对应边坡变形等速阶段,当 $t>t_B$ 时,边坡为加速变形阶段。现考虑到边坡进入加速变形阶段前变形是等速的,因此,对于截至 $t=t_m$ 时刻所获得的位移速度数据构成的随机变量 $V_{(m)}$ 是服从正态分布的,当在 $t=t_{m+1}$ 时刻监测获得 $v_{m+1}$ 时,对 $V_{(m+1)}$ 进行正态检验,若 $V_{(m+1)}$ 是服从正态分布的,则在 $t=t_{m+2}$ 时刻获得 $v_{m+2}$ 时,对 $V_{(m+2)}$ 进行正态检验,直至 $t=t_n$ 时刻获得 $v_n$ 时,更新数据生成的位移速度随机变量 $V_{(n)}$ 不服从正态分布为止,即 $t_B$ 处于 $t_{n-1}$ 和 $t_n$ 之间,则可认为该时刻边坡已进入加速变形阶段,应立即实施滑坡预警。当然,分布形态检验应在边坡等速变形阶段就开始进行,且监测时间间隔不能过长,这样才能保证及时识别边坡的临滑时刻。

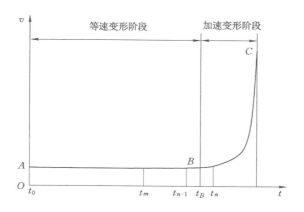

图 7-2　典型边坡的位移速度历时曲线

应该注意的是:从工程实际的角度出发,由于边坡变形受到震动、降雨等偶然性因素影响,尤其对于非自动监测系统,人为因素对监测结果的影响很大,在监测过程中常会出现数据异常点,此时,除了应结合边坡变形的宏观特征或其他监测手段的监测结果之外,还必须尽快获取下一时刻的监测数据,再进行位移速度变量的形态检验(把该数据异常点剔除掉),若仍不服从正态分布,并且位移速度值确实增大,则可判定边坡已进入加速变形阶段。

# 7.3 应用分析

## 7.3.1 滑落区域内监测点的观测结果分析

平庄西露天矿顶帮边坡于 2007 年 9 月 15 日发生了以 A 弱层为底滑面的切层-顺层滑坡,滑坡区域内布置 2 个地表位移监测点——24_1 监测点和 64_2 监测点,其中 24_1 监测点布设时间晚,获得的数据较少,但从监测数据上和 64_2 监测点(布设于 2006 年 5 月 26 日)有很好的相似性,且对于露天矿滑坡,位移主要以水平方向为主,因此,仅对 64_2 监测点的水平方向上的监测数据进行分析,监测结果见表 7-2 和图 7-3。

表 7-2 64_2 监测点水平方向的监测结果

| 监测日期 | 累计位移 /cm | 位移速度 /(mm/d) | 位移加速度 /(mm/d²) | 监测日期 | 累计位移 /cm | 位移速度 /(mm/d) | 位移加速度 /(mm/d²) |
|---|---|---|---|---|---|---|---|
| 2006-06-02 | 4.38 | 6.26 | 0.89 | 2007-04-06 | 208.31 | 8.85 | 0.13 |
| 2006-06-08 | 6.59 | 3.68 | −0.43 | 2007-05-29 | 261.49 | 10.03 | 0.02 |
| 2006-06-15 | 9.84 | 4.64 | 0.14 | 2007-06-15 | 282.26 | 12.22 | 0.13 |
| 2006-06-22 | 13.45 | 5.16 | 0.07 | 2007-06-29 | 304.74 | 16.06 | 0.27 |
| 2006-07-04 | 19.7 | 5.21 | 0 | 2007-07-04 | 316.36 | 23.24 | 1.44 |
| 2006-07-25 | 36.45 | 7.98 | 0.13 | 2007-07-09 | 324.88 | 17.04 | −1.24 |
| 2006-08-11 | 45.21 | 5.15 | −0.17 | 2007-07-16 | 336.66 | 16.83 | −0.03 |
| 2006-08-21 | 50.97 | 5.76 | 0.06 | 2007-07-22 | 347.8 | 18.57 | 0.29 |
| 2006-09-19 | 64.16 | 4.55 | −0.04 | 2007-07-30 | 360.92 | 16.4 | −0.27 |
| 2006-10-11 | 76.7 | 5.7 | 0.05 | 2007-08-09 | 380.78 | 19.86 | 0.35 |
| 2006-11-07 | 98.72 | 8.16 | 0.05 | 2007-08-14 | 390.66 | 19.76 | −0.02 |
| 2006-12-05 | 125.6 | 9.6 | 0.05 | 2007-08-22 | 406.81 | 20.19 | 0.05 |
| 2007-01-05 | 152.87 | 8.8 | −0.03 | 2007-08-28 | 420.99 | 23.63 | 0.57 |
| 2007-02-27 | 179.1 | 4.95 | −0.07 | 2007-09-02 | 441.96 | 41.94 | 3.66 |
| 2007-03-15 | 188.83 | 6.08 | 0.07 | 2007-09-07 | 453.94 | 23.96 | −3.6 |

按如前所述检验步骤,首先选取 64_2 监测点在 2006 年 6 月 2 日至 2006 年 12 月 5 日时间段的水平位移构成一个随机变量,应用 Lilliefors 检验对其进行正态检验,检验结果为真,其正态分布函数曲线如图 7-4(a)所示;依次纳入新的位移速度值,对所生成的随机变量进行逐个检验,截至 2007 年 5 月 29 日,每个新生成的随机变量均服从正态分布,如图 7-4(b)至图 7-4(e)所示;当把 2007 年 6 月 15 日的位移速度值纳入时,发现位移速

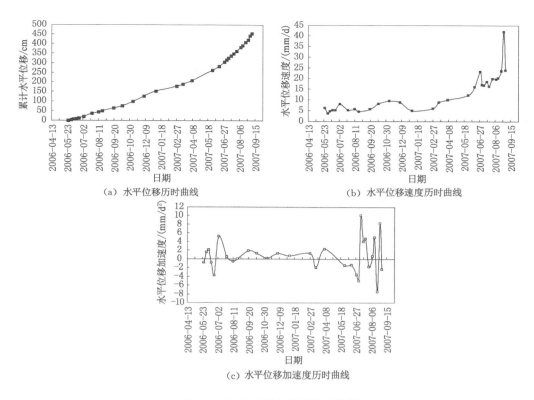

（a）水平位移历时曲线　　　　　　　（b）水平位移速度历时曲线

（c）水平位移加速度历时曲线

图 7-3　64_2 监测点监测结果曲线

度随机变量已不再服从正态分布，即出现数据异常点，且该时刻位移速度增大，说明边坡在 2007 年 5 月 29 日至 2007 年 6 月 15 日时间段内的某一时刻已进入加速变形阶段，这一时刻即边坡临滑时刻。从后续过程的监测结果来看，在 2007 年 6 月 15 日位移确实在持续增加，位移速度也有较明显的增大趋势，验证了该方法的合理性和准确性，只是由于9.15 滑坡事件中滑坡底部滑面逆倾向边坡内部，经过一段较长的时间后才发生滑坡。

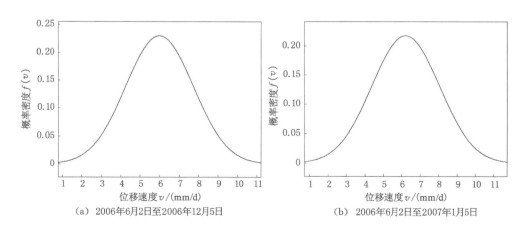

（a）2006年6月2日至2006年12月5日　　　（b）2006年6月2日至2007年1月5日

图 7-4　等速变形不同时段位移速度随机变量的正态分布密度函数曲线

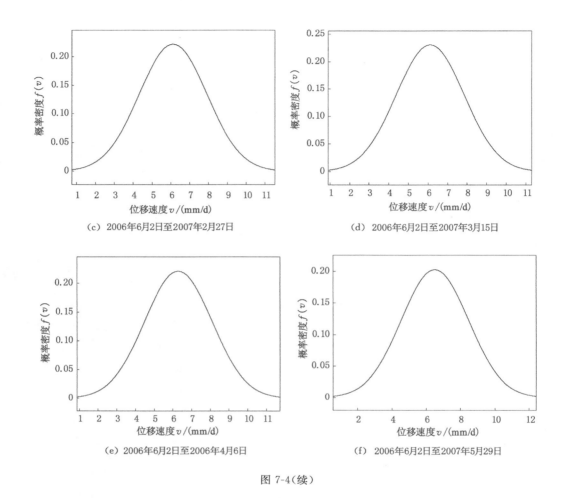

（c）2006年6月2日至2007年2月27日

（d）2006年6月2日至2007年3月15日

（e）2006年6月2日至2006年4月6日

（f）2006年6月2日至2007年5月29日

图 7-4（续）

确定边坡进入加速阶段的时刻后，又应用 K-S 法对 64_2 监测点变形加速阶段的位移速度随机变量进行了形态检验，发现该变量服从指数分布。但不同时段位移速度变量的特征参数值不同，2007 年 6 月 15 日至 2007 年 7 月 22 日时间段的位移速度变量的指数分布特征参数 $\lambda$ 为 17.326 7，而 2007 年 7 月 30 日至 2007 年 9 月 7 日的位移速度随机变量的指数分布特征参数 $\lambda$ 为 23.6771，这恰恰说明了边坡在加速变形阶段后期加速趋势将更明显。加速阶段的位移速度随机变量的指数分布特征如图 7-5 所示。

## 7.3.2　滑体边界外监测点的观测结果分析

为了进一步验证该方法的合理性，又选取了滑体边界以外 250 m 范围内 3 个监测点的监测数据进行分析，分别为＋464 m 水平的 464_1 监测点、＋512 m 水平的 12_1 监测点和＋548 m 水平的 48_1 监测点。各点的监测结果见表 7-3 至表 7-5 和图 7-6。

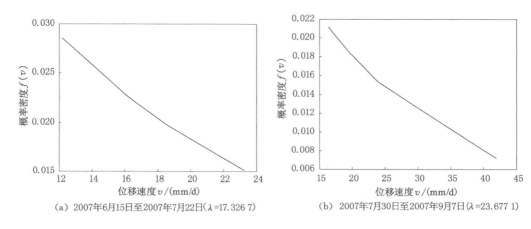

(a) 2007年6月15日至2007年7月22日（λ=17.326 7)    (b) 2007年7月30日至2007年9月7日(λ=23.677 1)

图 7-5    加速变形不同时段位移速度随机变量的指数分布密度函数曲线

表 7-3    464_1 监测点水平方向的监测结果

| 监测日期 | 累计位移/cm | 位移速度/(mm/d) | 位移加速度/(mm/d²) | 监测日期 | 累计位移/cm | 位移速度/(mm/d) | 位移加速度/(mm/d²) |
|---|---|---|---|---|---|---|---|
| 2006-06-02 | 3 | 4.29 | 0.61 | 2007-03-15 | 119.4 | 3.25 | 0.05 |
| 2006-06-08 | 6.2 | 5.33 | 0.17 | 2007-04-06 | 127.8 | 3.82 | 0.03 |
| 2006-06-15 | 9 | 4.00 | −0.19 | 2007-05-29 | 151.1 | 4.40 | 0.01 |
| 2006-06-22 | 11.3 | 3.29 | −0.10 | 2007-06-15 | 159.3 | 4.82 | 0.03 |
| 2006-07-04 | 14.7 | 2.83 | −0.04 | 2007-06-29 | 165.2 | 4.21 | −0.04 |
| 2006-07-25 | 26.2 | 5.48 | 0.13 | 2007-07-09 | 174.8 | 9.60 | 0.54 |
| 2006-08-11 | 32 | 3.41 | −0.12 | 2007-07-22 | 180.2 | 4.15 | −0.42 |
| 2006-08-21 | 37.2 | 5.20 | 0.18 | 2007-07-30 | 184.7 | 5.63 | 0.18 |
| 2006-09-19 | 50.2 | 4.48 | −0.02 | 2007-08-09 | 191.2 | 6.50 | 0.09 |
| 2006-10-11 | 58.6 | 3.82 | −0.03 | 2007-08-14 | 192.5 | 2.60 | −0.78 |
| 2006-11-07 | 73.7 | 5.59 | 0.07 | 2007-08-22 | 197.3 | 6.00 | 0.42 |
| 2006-12-05 | 82 | 2.96 | −0.09 | 2007-09-02 | 204.3 | 6.36 | 0.03 |
| 2007-01-05 | 101.3 | 6.23 | 0.11 | 2007-09-07 | 206.8 | 5.00 | −0.27 |
| 2007-02-27 | 114.2 | 2.43 | −0.07 | 2007-09-16 | 212 | 5.78 | 0.09 |

**表 7-4   48_1 监测点水平方向的监测结果**

| 监测日期 | 累计位移/cm | 位移速度/(mm/d) | 位移加速度/(mm/d²) | 监测日期 | 累计位移/cm | 位移速度/(mm/d) | 位移加速度/(mm/d²) |
|---|---|---|---|---|---|---|---|
| 2005-08-23 | 1.4 | 1.56 | 0.17 | 2006-12-05 | 128.6 | 4.14 | 0.03 |
| 2005-09-14 | 7.2 | 2.64 | 0.05 | 2007-01-05 | 153.5 | 8.03 | 0.13 |
| 2005-10-01 | 14.5 | 4.29 | 0.1 | 2007-02-27 | 151.9 | −0.3 | −0.16 |
| 2005-10-30 | 16.8 | 0.79 | −0.12 | 2007-03-15 | 155.7 | 2.38 | 0.17 |
| 2005-11-08 | 23.7 | 7.67 | 0.76 | 2007-04-06 | 164.2 | 3.86 | 0.07 |
| 2005-11-22 | 25.1 | 1 | −0.48 | 2007-05-29 | 183.6 | 3.66 | 0 |
| 2006-03-13 | 42.2 | 1.54 | 0 | 2007-06-15 | 190.7 | 4.18 | 0.03 |
| 2006-04-04 | 51.2 | 4.09 | 0.12 | 2007-06-29 | 196.5 | 4.14 | 0 |
| 2006-04-30 | 52.7 | 0.58 | −0.14 | 2007-07-04 | 200 | 7 | 0.57 |
| 2006-05-26 | 59 | 2.42 | 0.07 | 2007-07-09 | 205.1 | 10.2 | 0.64 |
| 2006-06-02 | 61 | 2.86 | 0.06 | 2007-07-16 | 210.9 | 8.29 | −0.27 |
| 2006-06-22 | 69.3 | 4.15 | 0.06 | 2007-07-22 | 209.6 | −2.17 | −1.74 |
| 2006-07-04 | 72.4 | 2.58 | −0.13 | 2007-07-30 | 213.7 | 5.12 | 0.91 |
| 2006-07-25 | 81.1 | 4.14 | 0.07 | 2007-08-09 | 217.5 | 3.8 | −0.13 |
| 2006-08-11 | 87.4 | 3.71 | −0.03 | 2007-08-14 | 219.3 | 3.6 | −0.04 |
| 2006-08-21 | 92.8 | 5.4 | 0.17 | 2007-08-22 | 223.9 | 5.75 | 0.27 |
| 2006-09-19 | 101.8 | 3.1 | −0.08 | 2007-08-28 | 224.9 | 1.67 | −0.68 |
| 2006-10-11 | 108.4 | 3 | 0 | 2007-09-07 | 231.8 | 6.9 | 0.52 |
| 2006-11-7 | 117 | 3.19 | 0.01 | 2007-09-16 | 237.4 | 6.22 | −0.08 |

**表 7-5   12_1 监测点水平方向的监测结果**

| 监测日期 | 累计位移/cm | 位移速度/(mm/d) | 位移加速度/(mm/d²) | 监测日期 | 累计位移/cm | 位移速度/(mm/d) | 位移加速度/(mm/d²) |
|---|---|---|---|---|---|---|---|
| 2005-08-23 | 5.8 | 7.25 | 0.91 | 2006-12-05 | 161 | 4.14 | −0.06 |
| 2005-09-14 | 5.7 | −0.05 | −0.33 | 2007-01-05 | 180.6 | 6.32 | 0.07 |
| 2005-10-11 | 15.2 | 3.52 | 0.13 | 2007-02-27 | 194.1 | 2.55 | −0.07 |
| 2005-10-30 | 19.1 | 2.05 | −0.08 | 2007-03-15 | 206.7 | 7.88 | 0.33 |
| 2005-11-08 | 28.2 | 10.11 | 0.90 | 2007-04-06 | 209 | 1.05 | −0.31 |
| 2005-11-22 | 28.2 | 0.00 | −0.72 | 2007-05-29 | 235.2 | 4.94 | 0.07 |
| 2006-03-13 | 49.8 | 1.95 | 0.02 | 2007-06-15 | 244 | 5.18 | 0.01 |
| 2006-04-04 | 59.2 | 4.27 | 0.11 | 2007-06-29 | 255.4 | 8.14 | 0.21 |

表 7-5(续)

| 监测日期 | 累计位移 /cm | 位移速度 /(mm/d) | 位移加速度 /(mm/d²) | 监测日期 | 累计位移 /cm | 位移速度 /(mm/d) | 位移加速度 /(mm/d²) |
|---|---|---|---|---|---|---|---|
| 2006-04-30 | 63 | 1.46 | −0.11 | 2007-07-09 | 262.1 | 6.70 | −0.14 |
| 2006-05-26 | 70.9 | 3.04 | 0.06 | 2007-07-16 | 264.3 | 3.14 | −0.51 |
| 2006-6-2 | 74.4 | 5.00 | 0.28 | 2007-07-22 | 269.7 | 9.00 | 0.98 |
| 2006-06-22 | 84.7 | 5.15 | 0.01 | 2007-07-30 | 272.5 | 3.50 | −0.69 |
| 2006-07-04 | 87.1 | 2.00 | −0.26 | 2007-08-09 | 280.9 | 8.40 | 0.49 |
| 2006-07-25 | 99.5 | 5.90 | 0.19 | 2007-08-14 | 283.2 | 4.60 | −0.76 |
| 2006-08-11 | 106.2 | 3.94 | −0.12 | 2007-08-22 | 286.4 | 4.00 | −0.08 |
| 2006-08-21 | 111.2 | 5.00 | 0.11 | 2007-08-28 | 290.5 | 6.83 | 0.47 |
| 2006-09-19 | 125.4 | 4.90 | 0.00 | 2007-09-7 | 299.6 | 9.10 | 0.23 |
| 2006-10-11 | 133.8 | 3.82 | −0.05 | 2007-09-16 | 306.6 | 7.78 | −0.15 |
| 2006-11-07 | 149.4 | 5.78 | 0.07 | | | | |

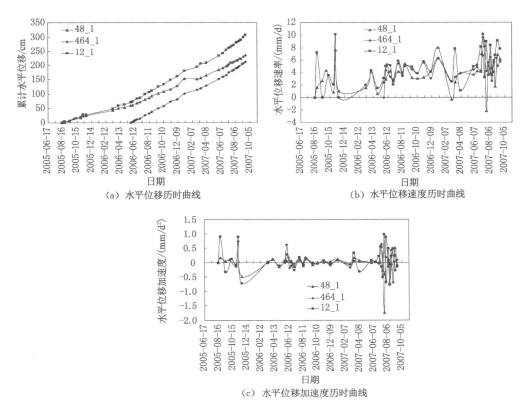

（a）水平位移历时曲线

（b）水平位移速度历时曲线

（c）水平位移加速度历时曲线

图 7-6　滑落区域外监测点监测曲线

仅从滑体边界以外 3 个监测点的监测结果来看,各点的位移速度值波动较明显,且在局部时段变形加速。但经过对滑体边界以外的 3 个监测点的位移速度变量进行正态检验,表明各点的位移速度变量服从正态分布,如图 7-7 所示,并且从现场实际的监测结果来看,在这 3 个监测点所控制的区域确实没有发生滑坡。

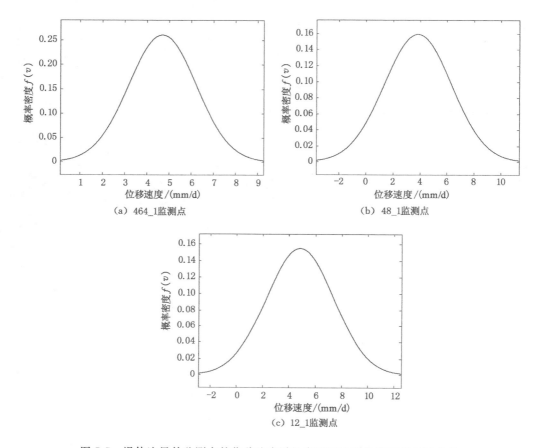

(a) 464_1监测点　　(b) 48_1监测点

(c) 12_1监测点

图 7-7　滑体边界外监测点的位移速度随机变量的正态分布密度函数曲线

### 7.3.3　位移加速度随机变量分布特征的初步研究

在边坡等速变形阶段,理论上的位移加速度 $a=0$,因此,加速度变量应服从正态分布;对于边坡变形加速阶段,有的学者根据该阶段曲线的特点,将其细化为初加速、中加速和急剧加速阶段[120],也就是说,处于该阶段内不同时段的位移加速度变量可能具有不同的分布特征。应用 Lilliefors 检验对 64_2 监测点变形加速阶段的位移加速度变量进行正态检验,发现在剔除滑坡前的 2 组监测数据后,该变量服从正态分布,如图 7-8 所示。这说明加速阶段的位移加速度随机变量分布特征是分阶段的,在边坡开始加速至滑坡过程中确实存在一个等加速变形阶段。

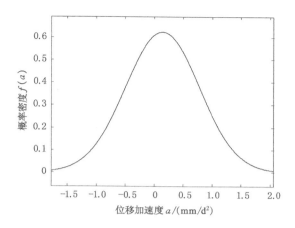

图 7-8　等加速变形阶段的位移加速度变量正态分布密度函数曲线

# 7.4　本章小结

本章总结分析了常用滑坡判据的适用性和局限性,基于假设检验原理,以加速度 $a \geqslant 0$ 作为临滑判据,提出了边坡临滑时刻的动态识别方法,并对典型滑坡区域内和滑坡边界以外的监测点进行了应用研究,验证了该方法的合理性和准确性。主要结论如下:

(1)边坡在等速变形阶段的位移速度变量服从正态分布,因此,通过逐次对动态的位移速度变量分布特征进行正态检验,能够及时识别边坡的临滑时刻,提高滑坡预警的可靠性。

(2)应用 K-S 检验法对平庄西露天矿顶帮 9.15 滑坡区域内 64_2 监测点的位移速度变量进行了分布检验,结果表明边坡进入加速变形阶段后的位移速度变量由服从指数分布但特征参数不同的 2 个随机变量构成,加速后期的位移速度变量的分布特征参数显著增大。

(3)应用 Lilliefors 检验法对 64_2 监测点的位移加速度随机变量进行了正态检验,表明在边坡进入加速变形阶段后的一段时间内位移加速度变量服从正态分布,即边坡变形存在等加速阶段,边坡急剧滑动前必须经历这一阶段。

# 8 主要结论与展望

## 8.1 主要结论

采用露天开采对倾斜矿体进行开发时，由于受剥采比的限制，深部矿体必须采用地下开采，而在露天开采向地下开采过渡的过程中必然会形成受双重采动影响的逆倾边坡，其变形破坏规律相对于单一露天开采条件下复杂得多，稳定性问题也更突出。如何科学评价该种条件下边坡的稳定性，掌握岩体的变形、破坏及位移特征，为制定有效的边坡控制措施提供科学依据，已成为采矿工程亟待解决的技术和安全问题。

本书以平庄西露天矿顶帮边坡为工程背景，在现场调研和资料收集的基础上，综合应用理论分析、相似材料模拟试验、数值模拟、地表位移监测及数理统计等方法和手段，对露井联采逆倾边坡岩移规律及稳定性等进行了深入、系统的研究，主要结论如下：

（1）露井联采边坡的破坏模式有 3 种类型：当潜在滑面未进入地下开采塌陷范围内时，边坡发生滑移型破坏；全部进入时，发生塌陷型破坏；部分进入时，发生滑移-塌陷复合型破坏。地下开采对露天矿边坡稳定性的影响程度受进入塌陷范围内的潜在滑面长度和岩体强度参数弱化程度的控制，据此提出了计算露井联采边坡稳定性的极限平衡法。

（2）相似材料模拟试验结果表明：五家矿四井充分采动后，下山方向岩层垮落线与 $F_1$ 断层面之间所形成的倒三角岩体沿断层面下滑，形成水平推力，使得地表沉陷坑下方部分岩体受压破坏，同时造成平庄西露天矿顶帮边坡的上部岩体向露天采空区一侧移动。

（3）数值模拟结果表明：受地下开采的影响，平庄西露天矿顶帮边坡的破坏模式为滑移-塌陷复合型破坏，坡体内剪应力的大范围叠加升高是边坡稳定性下降的根本原因；边坡失稳过程中，地下采区上方岩体以下沉为主，上山一侧岩体向露天采空区方向移动。

（4）通过近 2 年的地表位移监测可知平庄西露天矿顶帮边坡整体处于等速变形阶段，其中Ⅱ区凸边坡为顶帮边坡的相对不稳定区域；边坡变形受断层、弱层、地下开采及边坡形态等因素的综合控制，下山一侧岩体的水平位移主要受 $F_1$ 断层影响，上山一侧岩体的水平位移主要受边坡形态的影响，边坡整体沿辉绿岩顶板以上弱层向露天采空区滑移。

（5）垂直位移监测结果表明：平庄西露天矿边坡存在 2 个变形域，以标高＋548 m 为界，上部岩体下沉，为下沉域，下部岩体沿辉绿岩顶板弱层滑移上升，为上升域；地下开采影响的边界在边坡上的出露标高为+580 m。

（6）根据边坡不同变形阶段位移速度变量的分布特征，首次提出了边坡临滑时刻的动态识别方法，当位移速度变量不服从正态分布而开始向指数分布过渡时，边坡开始进入加速变形阶段，该时刻即边坡的临滑时刻；边坡进入加速变形阶段后的一段时间内位移加速度变量服从正态分布，表明边坡在滑坡前必须经历一个等加速变形阶段。

## 8.2　展望

露井联采是一项极其复杂的矿山系统工程，本书研究了一定开采条件下露井联采逆倾边坡的岩移规律和稳定性等问题，虽然取得了一些成果，但仍需就某些后续问题开展进一步的研究：

（1）对露井联采边坡的岩移规律及稳定性进行研究的目的是制定合理滑坡防治措施和优化开采方案设计提供科学依据，因此，露天、井工在时间和空间上的协调发展及安全控制技术是下一步研究工作的重点。

（2）本书通过对平庄西露天矿顶帮边坡的滑坡实例进行分析，确定了边坡变形过程中位移速度及位移加速度变量的分布特征，但是不同边坡的影响因素和滑坡机理存在较大差异，因此，应收集大量的滑坡监测资料，对监测数据分布特征进一步研究，细化边坡的变形阶段，为不同类型滑坡的预报预警提供依据。

# 参 考 文 献

[1] 孙玉科,姚宝魁,许兵.矿山边坡稳定性研究的回顾与展望[J].工程地质学报,1998,6(4):305-311.

[2] 姬长生.我国露天煤矿开采工艺发展状况综述[J].采矿与安全工程学报,2008,25(3):297-300.

[3] 徐长佑.露天转地下开采[M].武汉:武汉工业大学出版社,1990.

[4] 孟桂芳.国内外露天转地下开采现状[J].中国有色金属,2008(22):70-71.

[5] 许传华,任青文.露天地下联合开采合理保留层厚度研究[J].金属矿山,2008(7):12-14.

[6] 孙玉科,杨志法,丁恩保,等.中国露天矿边坡稳定性研究[M].北京:中国科学技术出版社,1999.

[7] 孙世国,杨素珍,秦四清.矿山复合开采边坡岩体变形规律[M].北京:地震出版社,2000:8-10.

[8] 韩放,谢芳,王金安.露天转地下开采岩体稳定性三维数值模拟[J].北京科技大学学报,2006,28(6):509-514.

[9] 杨占军.露井联合开采对边坡及地表稳定性影响的研究[J].露天采矿技术,2008,23(4):1-3.

[10] 郑友毅.露井联采边坡稳定性数值模拟[J].辽宁工程技术大学学报(自然科学版),2009,28(4):533-536.

[11] 左治兴.露天转地下开采过程中高陡边坡的稳定性评价与控制技术研究[D].长沙:中南大学,2009:6-12.

[12] 陈祖煜.土质边坡稳定分析:原理·方法·程序[M].北京:中国水利水电出版社,2003:23-25.

[13] FELLENIUS W. Erdstatisch Berechnungen[M]. Berlin:Ernst and Sohn revised edition,1939.

[14] BISHOP A W. The use of the slip circle in the stability analysis of slopes[J]. Géotechnique,1955,5(1):7-17.

[15] JANBU N. Earth pressure and bearing capcity calculations by generalized procedure of slice[C]//Proc. 4th Conf. soil mechanics and foundation engineering. London:[s. n. ],1957:207-212.

[16] LOWE J,KARAFLATH L. Stabiliy of earth dams upon drawdown[M]. [s. l. :s. n. ],

1960:537-552.

[17] MORGENSTERN N R,PRICE V E. The analysis of the stability of general slip surfaces [J]. Géotechnique,1965,15(1):79-93.

[18] SPENCER E. A method of analysis of the stability of embankments assuming parallel inter-slice forces[J]. Géotechnique,1967,17(1):11-26.

[19] JANBU N.Slope stability computations[M]//Embankment Dam Engineering. NewYork:John Wiley and Sons,1975:47-86.

[20] HOEK E,BRAY J W,BOYD J M. The stability of a rock slope containing a wedge resting on two intersecting discontinuities[J]. Quarterly journal of engineering geology and hydrogeology,1973,6(1):1-55.

[21] REVILLA J,CASTILLO E. The calculus of variations applied to stability of slopes [J]. Géotechnique,1977,27(1):1-11.

[22] SARMA S K.Stability analysis of embankments and slopes[J]. Géotechnique, 1973,23(3):423-433.

[23] SARMA S K. Stability analysis of embankments and slopes[J]. Journal of the geotechnical engineering division,1979,105(12):1511-1524.

[24] DUNCAN J M. State of the art:limit equilibrium and finite-element analysis of slopes[J]. Journal of geotechnical engineering,1996,122(7):577-596.

[25] CHEN W F. Limit analysis and soil plasticity[M]. Amsterdam:Elsevier Scientific, 1975:372-783.

[26] SLOAN S W. Upper bound limit analysis using finite elements and linear programming[J]. International journal for numerical and analytical methods in geomechanics,1989,13(3):263-282.

[27] MICHALOWSKI R L. Slope stability analysis:a kinematical approach[J]. Géotechnique,1995,45(2):283-293.

[28] MICHALOWSKI R L. Stability charts for uniform slopes[J]. Journal of geotechnical and geoenvironmental engineering,2002,128(4):351-355.

[29] ZHANG X. Slope stability analysis based on the rigid finite element method[J]. Géotechnique,1999,49(5):585-593.

[30] YANG X L,YIN J H. Slope stability analysis with nonlinear failure criterion[J]. Journal of engineering mechanics,2004,130(3):267-273.

[31] ZHANG X J,CHEN W F. Stability analysis of slopes with general nonlinear failure criterion[J]. International journal for numerical and analytical methods in geomechanics, 1987,11(1):33-50.

[32] 潘家铮.建筑物的抗滑稳定和滑坡分析[M].北京:水利出版社,1980.

[33] 陈祖煜.建筑物抗滑稳定分析中"潘家铮最大最小原理"的证明[J].清华大学学报 (自然科学版),1998,38(1):1-4.

[34] 孙君实.条分法的数值分析[J].岩土工程学报,1984,6(2):1-12.

[35] DONALD I B,CHEN Z Y. Slope stability analysis by the upper bound approach: fundamentals and methods [J]. Canadian geotechnical journal, 1997, 34 (6): 853-862.

[36] 龚晓南.土工计算机分析[M].北京:中国建筑工业出版社,2000:193-195.

[37] 沈珠江.理论土力学[M].北京:中国水利水电出版社,2000:187-229.

[38] 陈祖煜,汪小刚,杨健,等.岩质边坡稳定分析:原理·方法·程序[M].北京:中国水利水电出版社,2005.

[39] WRIGHT S G,KULHAWY F H,DUNCAN J M. Accuracy of equilibrium slope stability analysis[J].Journal of the soil mechanics and foundations division,1973,99(10):783-791.

[40] YAMAGAMI T, UETA. Y. Searrh for critical slip lines in finite elements stress fields by dynamic programming [C]//Proc. 6th Int. Conf. On Numerical Methods in Geomechanics. Innsbruck:[s. n.],1988:1335-1339.

[41] GIAM S K,DONALD I B. Determination of critical slip surfaces for slopes via stress-strain calculations [C]//5th A. N. Z. Conf. Geomechanics. Sydney:[s. n.],1988:461-464.

[42] ZOU J Z,WILLIAMS D J,XIONG W L. Search for critical slip surfaces based on finite element method[J].Canadian geotechnical journal,1995,32(2):233-246.

[43] ZIENKIEWICZ O C, HUMPHESON C, LEWIS R W. Associated and non-associated visco-plasticity and plasticity in soil mechanics[J]. Géotechnique,1975,25(4):671-689.

[44] GRIFFITHS D V, LANE P A. Slope stability analysis by finite elements[J]. Géotechnique,1999,49(3):387-403.

[45] 赵尚毅,郑颖人,时卫民,等.用有限元强度折减法求边坡稳定安全系数[J].岩土工程学报,2002,24(3):343-346.

[46] TAN C P,DONALD I B. Finite element calculation of dam stability[C]//Porc. 11th Int. Conf. Soil Mech. and Fnd. Engr. San Francisco:[s. n.],1985:45-49.

[47] 邢利伟.露井联合开采的边坡稳定性研究[D].武汉:武汉理工大学,2007:3-5.

[48] 王东,曹兰柱,宋子岭.基于 RFPA-SRM 的露井联采边坡稳定性研究[J].合肥工业大学学报(自然科学版),2009,32(10):1562-1565.

[49] 黄平路,陈从新.露天和地下联合开采引起矿山岩层移动规律的数值模拟研究[J].岩石力学与工程学报,2007,26(增2):4037-4043.

[50] 孙世国,崔恒忠,冉启发,等.岩石工程开挖对山坡体应力场扰动规律的数值分析[J].地球与环境,2005,33(3):107-111.

[51] 蓝航.基于 FLAC3D 的边坡单元安全度分析及应用[J].中国矿业大学学报,2008,37(4):570-574.

[52] LUO Y Z, WU A X, LIU X P, et al. Stability and reliability of pit slopes in surface mining combined with underground mining in Tonglushan mine[J]. Journal of Central South University of Technology, 2004, 11(4):434-439.

[53] 冯锦艳, 朱建明. 露天-井工联采边坡井工与边坡合理位置的数值模拟研究[J]. 中国矿业, 2008, 17(10):86-89.

[54] 冯锦艳, 朱建明, 刘宪权, 等. 井工-露天联采模式下井工开切眼与边坡合理距离的研究[J]. 采矿与安全工程学报, 2009, 26(1):65-69.

[55] 任高峰, 张世雄. 露井联合开采条件下矿山边坡运动损害规律研究[J]. 矿业安全与环保, 2008, 35(6):11-13.

[56] 张水生. 安家岭矿9000工作面露天边坡稳定性分析[J]. 矿山测量, 2008(3):26-28.

[57] 朱建明, 刘宪权, 吴吉南. 安太堡矿露井联采边坡稳定性研究及其边界参数优化[J]. 工程地质学报, 2008, 16(增刊):456-463.

[58] 王振伟, 王来贵, 王建国. 井采影响下边坡岩体变形破坏规律研究[J]. 矿业研究与开发, 2009, 29(2):13-15.

[59] 吴剑平, 朱建明, 成新元. 露井联采下边界参数优化的相似模拟研究[J]. 中国矿业, 2008, 17(9):79-82.

[60] 朱建明, 刘宪权, 吴剑平. 露井联采下边坡稳定性的相似模拟研究[J]. 工程地质学报, 2009, 17(2):206-211.

[61] 孙世国, 蔡美峰, 王思敬. 复合开采引起地面长期剧烈变形的几点认识[J]. 岩土工程学报, 2000, 22(1):136-138.

[62] 陈先平. 露天与井工联合开采影响下的边坡变形监测[J]. 资源环境与工程, 2006, 20(增刊):709-712.

[63] 石杰红, 王金安, 谢芳. 高陡边坡下开采安全性的相似材料模拟与数值模拟对比研究[J]. 中国安全生产科学技术, 2007, 3(6):77-81.

[64] 孙世国, 冉启发, 李国柱. 边坡工程的复合开挖效应及其评价方法的研究[C]//第二届全国岩土与工程学术大会论文集. 北京:科学出版社, 2006:822-826.

[65] SUN S G, RAN Q F, WU D L, et al. Calculating theory of slope stability influenced by combined underground and open pit extraction[C]//Geosynthetics in Civil and Environmental Engineering, 2009:839-843.

[66] 郑颖人, 陈祖煜, 王恭先. 边坡与滑坡工程治理[M]. 北京:人民交通出版社, 2007:605-616.

[67] 张永兴. 边坡工程学[M]. 北京:中国建筑工业出版社, 2008:260-319.

[68] MALET J P, MAQUAIRE O, CALAIS E. The use of Global Positioning System techniques for the continuous monitoring of landslides:application to the Super-Sauze earthflow (Alpes-de-Haute-Provence, France)[J]. Geomorphology, 2002, 43(1-2):33-54.

[69] 陈志波, 简文彬. 位移监测在边坡治理工程中的应用[J]. 岩土力学, 2005, 26(增1):

306-309.

[70] 何满潮.滑坡地质灾害远程监测预报系统及其工程应用[J].岩石力学与工程学报，2009,28(6):1081-1090.

[71] 张雷,沈明荣,石振明.岩体边坡工程中的位移监测及分析[J].岩土力学,2003,24(增1):202-205.[知网]

[72] 薛桂玉,李民,何金平.三峡工程中高边坡测斜仪的施工埋设与监测[J].大坝观测与土工测试,1999(1):5-7.

[73] 刘艳辉,戴谦训,刘大安等.龙滩水电站左岸蠕变体B区边坡位移监测分析[J].工程地质学报,2005,13(2):269-274.

[74] 蔡路军,马建军,周余奎,等.岩质高边坡稳定性变形监测及应用[J].金属矿山,2005(8):46-48.

[75] 赵明华,刘小平,冯汉斌,等.小湾电站高边坡的稳定性监测及分析[J].岩石力学与工程学报,2006,25(增刊):2746-2750.

[76] 张林洪,扬柯.边坡工程监测资料的稳定性判断和利用[J].岩石力学与工程学报,2000,19(增刊):1136-1140.

[77] 李迪,杨智生,朱红五.隔河岩电站厂房高边坡监测变形稳定性分析[J].长江科学院院报,1994,11(3):64-71.

[78] 陈强,韩军,艾凯.某高速公路山体边坡变形监测与分析[J].岩石力学与工程学报,2004,23(2):299-302.

[79] TU X B,DAI F C,LU X J,et al. Toppling and stabilization of the intake slope for the Fengtan Hydropower Station enlargement project, Mid-South China [J]. Engineering geology,2007,91(2-4):152-167.

[80] 朱杰兵,张黎明,邬爱清.三峡永久船闸边坡岩体变形监测结果分析[J].岩石力学与工程学报,2001,20(增):1654-1657.

[81] LIU D A,YANG Z F,TANG C H,et al. An automatic monitoring system for the shiplock slope of Wuqiangxi Hydropower Station[J]. Engineering geology,2004,76(1-2):79-91.

[82] 贾娟,汪益敏,林叔忠.不良地质路堑高边坡的施工模拟与监测分析[J].岩石力学与工程学报,2005,24(22):4106-4110.

[83] 王国欣,谢雄耀,黄宏伟.公路隧道洞口滑坡的机制分析及监控预报[J].岩石力学与工程学报,2006,25(2):268-274.

[84] PETLEY D N, MANTOVANI F, BULMER M H,et al. The use of surface monitoring data for the interpretation of landslide movement patterns [J]. Geomorphology,2005,66(1-4):133-147.

[85] KAMAI T. Monitoring the process of ground failure in repeated landslides and associated stability assessments[J]. Engineering geology,1998,50(1-2):71-84.

[86] ZVELEBILL J,MOSER M. Monitoring based time-prediction of rock falls:three

case-histories[J]. Physics and chemistry of the earth, part b: hydrology, oceans and atmosphere, 2001, 26(2): 159-167.

[87] CROSTA G B, AGLIARDI F. How to obtain alert velocity thresholds for large rockslides[J]. Physics and chemistry of the earth, parts A/B/C, 2002, 27(36): 1557-1565.

[88] 张振华. 深切河谷岸坡开挖过程动态预警方法研究[D]. 北京: 中国科学院研究生院（武汉岩土力学研究所）, 2008.

[89] 刘化冰. 基于 GIS 技术的滑坡监测分析及预测研究[D]. 成都: 西南交通大学, 2004.

[90] ROSE N D, HUNGR O. Forecasting potential rock slope failure in open pit mines using the inverse-velocity method[J]. International journal of rock mechanics and mining sciences, 2007, 44(2): 308-320.

[91] SORNETTE D, HELMSTETTER A, ANDERSEN J V, et al. Towards landslide predictions: two case studies[J]. Physical: statistical mechanics and its applications, 2004, 338(3-4): 605-632.

[92] 尹光志, 张卫中, 张东明等. 基于指数平滑法与回归分析相结合的滑坡预测[J]. 岩土力学, 2007, 28(8): 1725-1728.

[93] 刘志平, 何秀凤. 扩展 GM(1, M)模型混沌优化及其在边坡监测中的应用[J]. 水利学报, 2007(增刊): 174-178.

[94] 陈有亮. 非等距时序灰色预测方法及其在岩石力学与工程中的应用[J]. 系统工程理论与实践, 2003, 23(11): 130-134.

[95] 刘沐宇, 池秀文, 魏文晖, 等. 时间序列分析法与边坡位移预报[J]. 武汉工业大学学报, 1995, 17(3): 46-49.

[96] 陈晓鹏, 张强勇, 刘大文, 等. 边坡变形统计回归分析模型及应用[J]. 岩石力学与工程学报, 2008, 27(增 2): 3673-3679.

[97] 孙景恒. Pearl 模型在边坡失稳时间预报中的应用[J]. 中国地质灾害与防治学报, 1993, 4(2): 12-16.

[98] 李长洪, 范丽萍, 张吉良, 等. 卡尔曼滤波在大型深凹露天矿边坡变形监测预测中的应用[J]. 北京科技大学学报, 2010, 32(1): 8-13.

[99] 胡存亮. 山区公路崩塌地质灾害评判模型研究[J]. 交通标准化, 2007(7): 53-56.

[100] 刘建磊, 伢磊, 徐燕. 三峡库区仁沱新街库岸 762 段边坡稳定性分析[J]. 人民长江, 2008, 39(16): 8-10.

[101] 钟荫乾. 黄腊石滑坡综合信息预报方法研究[J]. 中国地质灾害与防治学报, 1995, 6(4): 68-74, 80.

[102] 秦四清. 斜坡失稳过程的非线性演化机制与物理预报[J]. 岩土工程学报, 2005, 27(11): 1241-1248.

[103] 张正禄, 王小敏, 邓勇, 等. 模糊神经网络在变形分析与预报中的应用研究[J]. 武汉大学学报: 信息科学版, 2010, 35(1): 6-8, 29.

[104] 许建聪,尚岳全,郑束宁,等.强降雨作用下浅层滑坡尖点突变模型研究[J].浙江大学学报(工学版),2005,39(11):1675-1679.

[105] 黄志全,王思敬.边坡失稳时间预报的协同-分岔模型及其应用[J].中国科学 E 辑技术科学,2003,33(增刊):94-100.

[106] 薛天放,杨庆,栾茂田.基于 GIS 技术的滑坡空间分布的分形特征研究[J].岩土力学,2007,28(2):347-350,354.

[107] 张安兵,高井祥,刘新侠,等.边坡变形时序非线性判定及混沌预测研究[J].中国安全科学学报,2008,18(4):55-60.

[108] 陈祖云,张桂珍,邬长福,等.基于支持向量机的边坡稳定性预测研究[J].中国安全生产科学技术,2009,5(4):101-105.

[109] SORNETTE D,HELMSTETTER A,ANDERSEN J V,et al. Towards landslide predictions: two case studies [J]. Physicaa: statistical mechanics and its applications,2004,338(3-4):605-632.

[110] 李秀珍,许强.滑坡预报模型和预报判据[J].灾害学,2003,18(4):71-78.

[111] 刘汉东.边坡失稳定时预报理论与方法[M].郑州:黄河水利出版社,1996:9-16.

[112] HE K Q,WANG S J. Double-parameter threshold and its formation mechanism of the colluvial landslide:Xintan landslide,China[J]. Environmental geology,2006,49(5):696-707.

[113] JEFF B. Satellite monitoring enhances landslide prediction[J]. Civil engineering,2002,72(6):22-23.

[114] 徐嘉谟.关于滑坡预报问题[J].工程地质学报,1998,6(4):319-325.

[115] 周昌寿,杜竟中,郭增涛,等.露天矿边坡稳定[M].徐州:中国矿业大学出版社,1990:18-27.

[116] 李凤明,谭勇强.采矿活动引发的滑坡及工程治理实践[J].煤矿开采,2002,7(2):1-5.

[117] 唐春安,李连崇,李常文,等.岩土工程稳定性分析 RFPA 强度折减法[J].岩石力学与工程学报,2006,25(8):1522-1530.

[118] 包研科,李娜.数理统计与 MATLAB 数据处理[M].沈阳:东北大学出版社,2008.

[119] 范大茵,陈永华.概率论与数理统计[M].杭州:浙江大学出版社,2008.

[120] 许强,汤明高,徐开祥,等.滑坡时空演化规律及预警预报研究[J].岩石力学与工程学报,2008,27(6):1104-1112.